HISTOIRE NATURELLE

DE LA FRANCE

26ᵉ PARTIE

TECHNOLOGIE
ZOOLOGIE APPLIQUÉE

PAR

Gaston BONNIER

Membre de l'Institut, professeur à la Sorbonne.

115 figures dans le texte.

PARIS (7ᵉ)

LES FILS D'ÉMILE DEYROLLE, Éditeurs

46, RUE DU BAC

1922

HISTOIRE NATURELLE DE LA FRANCE

26ᵉ PARTIE

TECHNOLOGIE

ZOOLOGIE APPLIQUÉE

HISTOIRE NATURELLE

DE LA FRANCE

26ᵉ PARTIE

TECHNOLOGIE
ZOOLOGIE APPLIQUÉE

PAR

Gaston BONNIER

Membre de l'Institut, professeur à la Sorbonne.

115 figures dans le texte.

PARIS (7ᵉ)

LES FILS D'ÉMILE DEYROLLE, Éditeurs

46, RUE DU BAC

1922

ZOOLOGIE APPLIQUÉE

INTRODUCTION

Histoire naturelle appliquée. — L'Histoire Naturelle comprend l'ensemble des sciences naturelles, c'est-à-dire : l'étude des animaux, ou Zoologie ; l'étude des végétaux, ou Botanique ; et l'étude de la terre, ou Géologie.

De même, l'Histoire naturelle appliquée peut être divisée en trois parties :

La Zoologie appliquée ;

La Botanique appliquée ;

La Géologie appliquée.

Zoologie appliquée. — La Zoologie appliquée est l'étude des animaux dans leurs rapports avec l'homme. Cette partie des sciences naturelles s'occupe donc des animaux utilisés par l'homme, soit dans son alimentation, soit dans les différentes branches de son industrie.

Nous passerons en revue les différents groupes du règne animal en allant des individus les plus complexes vers ceux qui sont les plus simples ; dans chaque groupe nous étudierons les animaux, vivant en France, qui sont utilisés par l'homme, en indiquant quelles sont leurs applications et quelles préparations doivent subir ces animaux, ou du moins les parties qui sont employées pour être utilisées.

Grandes divisions du règne animal. — On a divisé le règne animal en huit embranchements :

1º Les *Vertébrés*, animaux pourvus d'un squelette interne constitué par des os ; l'axe de ce squelette, appelé colonne vertébrale, est formé d'os placés les uns au-dessus des autres et désignés sous le nom de vertèbres ;

2º Les *Arthropodes*, au corps formé d'anneaux successifs, dont certains portent des pattes articulées, c'est-à-dire constituées par des segments mobiles les uns sur les autres; ces animaux sont pourvus d'une enveloppe protectrice en chitine ;

3º Les *Vers*, dont le corps est mou, formé d'anneaux placés bout à bout et dépourvus de pattes articulées ;

4º Les *Mollusques*, dont le corps est mou, non annelé, et généralement protégé par une coquille calcaire ;

5º Les *Echinodermes*, animaux à symétrie rayonnée dont le tube digestif est distinct de la paroi du corps ;

6º Les *Cœlentérés* (ou *Polypes*), animaux à symétrie rayonnée dont la cavité digestive se confond avec les parois du corps.

On désigne sous le nom de « Rayonnés » l'ensemble des animaux appartenant à l'embranchement des Echinodermes et à celui des Cœlentérés.

7º Les *Spongiaires*, animaux vivant fixés, soit dans la mer, soit dans les eaux douces : leur corps, formé d'une substance de consistance spéciale, est soutenu par un squelette corné, calcaire ou siliceux;

8º Les *Protozoaires;* animaux les plus simples, constitués seulement par une seule cellule.

CHAPITRE PREMIER

VERTÉBRÉS

I

Caractères généraux. — Les animaux qui constituent l'embranchement des Vertébrés ont une symétrie bilatérale, c'est-à-dire, en style vulgaire, qu'ils ont une droite et une gauche.

Leur squelette est cartilagineux ou osseux; il présente un axe, la colonne vertébrale, formée de pièces superposées appelées *vertèbres*. Cet axe est situé dans la région dorsale du corps ; il porte des appendices ventraux auxquels on donne le nom de *côtes*, et des appendices dorsaux.

Le système nerveux est constitué par : 1° les centres nerveux, situés vers la face dorsale de l'axe squelettique ; 2° les nerfs. Les centres nerveux comprennent le cerveau, logé dans une boîte osseuse, et la moelle épinière.

Le tube digestif, l'appareil respiratoire, le cœur et tous les autres viscères sont placés à la face ventrale de l'axe squelettique, dans la cavité qui est limitée vers le haut par les appendices ventraux de cet axe.

Presque tous les Vertébrés ont quatre membres.

Leur appareil circulatoire est clos, et renferme du sang rouge.

Division de l'embranchement des Vertébrés. — L'embranchement des Vertébrés est divisé en cinq classes :

Les *Mammifères*, animaux dont les petits sont allaités après leur naissance, et dont le corps est recouvert de poils.

Les *Oiseaux*, dont les membres antérieurs sont transformés en ailes et dont le corps est couvert de plumes.

Les *Reptiles*, animaux dont le corps, recouvert d'une peau écailleuse, rampe sur le sol ; les membres sont rejetés sur les côtés du corps ou sont plus ou moins complètement supprimés.

Les *Batraciens*, ou *Amphibiens*, dont le corps est nu et qui sont conformés pour vivre successivement dans l'eau et dans l'air.

Les *Poissons*, animaux dont le corps est couvert d'écailles, dont les membres sont transformés en nageoires, et qui respirent dans l'eau pendant toute leur vie.

Les Mammifères et les Oiseaux sont des Vertébrés à sang chaud ; c'est-à-dire que, chez ces animaux, la température du milieu intérieur est constante grâce à une respiration active.

Les Reptiles, les Batraciens et les Poissons sont des Vertébrés à sang froid ; c'est-à-dire que, chez ces animaux, la respiration étant peu active, la température du milieu intérieur varie avec la température extérieure.

II

MAMMIFÈRES

Caractères généraux. — Les Mammifères sont des animaux *vivipares*. Après leur naissance, les jeunes animaux sont nourris avec le lait, sécrété dans des glandes dont est munie la femelle ; ces glandes sont appelées *glandes mammaires ;* c'est de leur nom qu'a été tiré le mot Mammifères qui sert à désigner cette classe d'animaux.

Le corps de ces animaux a, comme nous venons de le voir, une température constante. Leur peau est le plus souvent recouverte de poils, au moins à un certain âge.

La plupart des Mammifères ont une existence terrestre ; certains sont adaptés à la vie aérienne (Chauves-souris), d'autres à la vie aquatique (Baleines).

Le système nerveux des Mammifères est caractérisé par le développement considérable du cerveau.

Le cœur se compose de quatre cavités : deux oreillettes et deux ventricules.

Les poumons sont au nombre de deux ; ils sont logés dans la cavité thoracique, qui est séparée de la cavité abdominale par une membrane, le diaphragme.

Les mâchoires portent des dents, dont le nombre, la forme et la disposition varient avec chaque espèce de Mammifères.

Applications des Mammifères. — La classe des Mammifères est celle qui fournit à l'homme la plus grande quantité de produits utiles.

Nous venons de voir que l'un des caractères les plus importants de cette classe est la présence de glandes mammaires sécrétant du lait. On sait que l'Homme utilise cette sécrétion, chez la Vache surtout, mais aussi chez la Chèvre et chez la Brebis. Il a su spécialiser certaines races dans la production du lait, qu'il emploie soit comme boisson, soit pour préparer le beurre, soit encore pour préparer le fromage.

Un second caractère important présenté par les animaux du groupe des Mammifères, est la présence de poils sur la peau. Ces poils, qui sont des productions de l'épiderme, c'est-à-dire de la couche superficielle de la peau, font l'objet d'une exploitation extrêmement importante chez de nombreuses espèces. Le Castor, le Rat, le Lapin, le Lièvre, fournissent les poils employés en chapellerie ; les poils du Blaireau, de la Marte, du Putois, de la Loutre, sont employés dans la fabrication des brosses et des pinceaux. Les poils du Porc et du Sanglier, désignés sous le nom de soies, sont aussi appliqués à plusieurs usages. Les poils de la queue des Chevaux, de celle des Bœufs servent, sous le nom de « crins », dans la fabrication des tapis. Enfin le poil du Mouton, ou laine, est employé pour fabriquer des étoffes.

La corne est, comme le poil, une production épidermique ; elle trouve, également son utilisation dans l'industrie. Les cornes provenant du Bœuf, du Mouton, de la Chèvre, du Cerf, du Daim, du Chevreuil, sont employées aux ouvrages de tabletterie.

Tandis que l'industrie du poil utilise le poil séparé de la peau qui l'a produit, l'industrie de la pelleterie utilise le poil encore adhérent à cette peau.

Plusieurs groupes de Mammifères alimentent l'industrie de la pelleterie ; parmi les Carnivores, il faut citer l'Ours, la Marte, la Fouine, le Putois, la Bélette, le Blaireau, la Genette, le Chat, le Renard, le Loup. Parmi les Rongeurs, l'Ecureuil, le Castor, le Lièvre, le Lapin, et parmi les Ruminants, le Chevreuil, le Daim, le Cerf, le jeune Mouton, fournissent également leur peau à l'industrie humaine.

La fabrication du cuir, c'est-à-dire la transformation des peaux en une substance dure et imputrescible, utilise les peaux de Cheval, de Mouton, de Chèvre, de Daim, de Lièvre, de Lapin, de Veau, etc.

L'homme se sert encore, chez les Mammifères, des os, qui sont communs à tous les Vertébrés. Les os, débarrassés de tous les tissus qui les entourent, sont employés tels quels dans l'industrie de la tabletterie. Débarrassés des matières minérales qu'ils renferment, ils servent à la préparation de la gélatine. Les matières minérales elles-mêmes, séparées de la gélatine, servent à l'extraction du phosphate de chaux.

En dehors de leur lait, de leur peau avec ses productions, et de leurs os, les Mammifères fournissent encore à l'homme leur viande, et en général les divers tissus mous dont il peut faire sa nourriture. En donnant aux animaux domestiques, dès la première période de leur développement, une nourriture abondante et riche en principes assimilables, l'éleveur hâte ce développement, leur fait atteindre l'état adulte plus rapidement que dans les conditions naturelles, détermine l'accumulation rapide des réserves dans leurs tissus, et aboutit ainsi au perfectionnement de ces animaux en vue de la production de la viande de boucherie. Plusieurs races de Bœufs, de

Moutons, de Veaux, de Porcs, ont été spécialisées dans ce but.

Certains Mammifères sauvages sont chassés en vue de l'utilisation de leur viande dans l'alimentation, tels sont : le Lapin, le Lièvre, le Chevreuil, le Sanglier, etc.

Nous venons de voir que, par l'élevage, l'homme a pu spécialiser certaines races de Mammifères dans la production du lait, et d'autres dans la production de la viande ; l'élevage a également permis de développer certaines races en vue de la production de force motrice. Parmi les animaux employés par l'homme comme producteurs de force, le Cheval tient la première place, ensuite viennent l'Ane, le Mulet, le Bœuf.

Enfin certains Mammifères fournissent des substances employées en médecine. Le castoréum est extrait du Castor ; le sucre de lait ainsi que le petit lait sont retirés du lait de Vache ; la corne de Cerf est préparée avec la corne du Cerf commun. C'est encore aux Mammifères qu'on s'est adressé pour fabriquer toute une série de médicaments qui jouent un rôle considérable dans la thérapeutique moderne : ce sont les sérums. En injectant à des animaux déterminés, d'abord de petites quantités d'un liquide renfermant la toxine sécrétée par le microbe d'une certaine maladie, puis des quantités de plus en plus fortes de ce même liquide, on habitue l'animal en question à la toxine, on *immunise* l'animal contre la maladie à laquelle correspond la toxine injectée. Le sérum du sang de l'animal ayant acquis l'immunité contient alors des substances qui sont antiseptiques pour le microbe ayant produit cette toxine ; par conséquent ce sérum, injecté à des individus susceptibles d'être atteints ou déjà atteints par l'affection microbienne, apporte à leur organisme un sérieux appui dans la lutte de ce dernier contre le microbe envahissant. C'est sur ce principe qu'est basée la *sérothérapie*, et c'est au Cheval, à la Vache, à l'Ane, au Mouton, au Chien, que l'on s'adresse pour obtenir des sérums divers.

Nous allons passer en revue ces différentes applications des animaux appartenant au groupe des Mammifères, en suivant l'ordre qui vient d'être adopté ici.

1. — **Lait**.

Le lait est un liquide qui se forme dans les glandes mammaires. Il est sécrété par la mère et destiné à servir d'aliment à l'animal qui vient de naître, pendant la première période de sa vie.

Constitution. — Le lait est un liquide blanc, opaque, parfois teinté de bleu, ou de vert, suivant son origine. Il est toujours constitué par une *émulsion*, c'est-à-dire par un liquide aqueux tenant en suspension de très fins globules de graisse et des particules de phosphate de chaux.

Le liquide débarrassé de ces deux sortes d'éléments qui se trouvent en suspension s'appelle le *plasma*. C'est une solution renfermant : 1º une substance albuminoïde, la *caséine*, qui a la propriété de se coaguler lorsqu'on additionne le plasma ou le lait lui-même d'acide acétique ; 2º deux autres substances albuminoïdes, la *lactalbumine* et la *lactoglobuline*; 3º un sucre, le *lactose* ; 4º des sels divers tels que des chlorures et des phosphates de potassium, de sodium, de calcium, de magnésium ; 5º des gaz tels que l'oxygène, l'azote, l'anhydride carbonique ; 6° des traces de substances organiques diverses, telles que l'urée, la créatine, la créatinine, la lécithine, etc. ; 7° de l'eau.

Lorsqu'on laisse du lait au repos, une petite partie des globules gras qu'il renferme monte à la surface avec un peu de caséine qui se sépare ; l'ensemble constitue la *crème*. Le liquide qui se trouve au dessous de la crème est le *lait écrémé*.

On peut activer la séparation des globules gras par le battage du lait (*barattage*) ; la matière grasse ainsi séparée constitue le *beurre*.

Nous avons vu plus haut que lorsqu'on additionne le lait d'acide acétique, la caséine est rendue insoluble ; elle se coagule en un réseau qui emprisonne dans ses mailles toutes les particules qui sont en suspension dans le lait : globules gras et phosphate de chaux. On est ainsi en présence de deux parties : l'une, solide, qui se dépose, formée par l'ensemble de la caséine et de tous les éléments insolubles tenus en suspension dans le lait ; l'autre, liquide, qui est du plasma dépourvu de caséine.

Lorsqu'on additionne le lait d'une substance appelée *présure*, contenue dans la caillette ou premier estomac du veau, on obtient également la séparation du lait en deux parties, l'une solide et l'autre liquide, mais, cette séparation n'est pas exactement semblable à celle dont il vient d'être question. La présure, que l'on appelle encore *ferment lab*, dédouble la caséine en deux substances ; l'une est la *paracaséine*, l'autre est une substance albuminoïde appartenant au groupe des protéoses.

La paracaséine s'unit à la chaux des sels de calcium qui se trouvent dissous dans le lait, et donne ainsi une substance insoluble, le *caséum* ou paracaséinate de calcium. Cette dernière substance précipite en entraînant avec elle les particules grasses ou salines tenues en suspension dans le lait. C'est l'ensemble du paracaséinate de calcium et de ces particules qui constitue le *fromage*.

Le liquide dans lequel baigne le fromage, après la précipitation, s'appelle *sérum* ou *petit lait*.

Dès que la sécrétion mammaire s'établit, le produit qui s'écoule n'est pas du lait, c'est un liquide jaunâtre et visqueux que l'on appelle *colostrum*. Il diffère surtout du lait par les caractères suivants : il renferme peu de caséine ; il coagule par la chaleur ; il contient en suspension, en outre des substances insolubles que l'on trouve dans le lait, des éléments particuliers que l'on nomme corpuscules du colostrum.

Les laits sécrétés chez les différentes espèces de Mammifères n'ont pas la même composition. C'est ainsi que si l'on dose l'ensemble de la caséine, de la lactalbumine et de la lactoglobuline dans des laits de vache et de chèvre, on constate que ces substances sont plus abondantes dans le premier que dans le second. D'autre part, le lait de chèvre est plus riche en matières grasses que le lait de vache.

Dans le lait maternel qu'absorbent les enfants pendant leur premier âge, le sucre est beaucoup plus abondant que dans les laits de chèvre et de vache. Au contraire les sels minéraux et les substances albuminoïdes sont en plus petite quantité dans le premier que dans les deux autres.

Le résultat pratique de cette comparaison est que si, pour un jeune enfant, on veut remplacer le lait naturel à son alimentation première par du lait de vache, il sera nécessaire : 1° d'étendre d'eau ce lait de vache, parce qu'il renferme trop de sels et trop de substances albuminoïdes, 2° de l'additionner de sucre de lait ou lactose, parce qu'il renferme une trop petite quantité de cette substance.

Chez un même animal, la composition du lait peut varier pour des causes très nombreuses. Nous avons vu déjà que le lait qui est produit dès le début de la sécrétion (colostrum) a une composition toute différente de celui qui est sécrété ensuite ; d'autre part il est légèrement purgatif. Le lait produit le matin renferme plus de matières grasses que celui du soir. Une vache qui vit constamment dans une étable, donne un lait moins abondant, mais plus riche en beurre que celui d'une vache vivant dans un pré. Le lait produit en hiver contient moins d'eau que celui qui est sécrété en été.

L'abondance de la sécrétion est soumise aussi à des variations. Les animaux nourris d'herbes fraîches, de sel, et absorbant une grande quantité d'eau, produisent un lait plus abondant, mais moins riche en ses différents éléments nutritifs.

Races laitières. — Indépendamment des différentes causes de variation dont il vient d'être question, non seulement la composition du lait et l'abondance de la sécrétion ne sont pas les mêmes suivant l'espèce animale à laquelle on s'adresse, mais encore elles diffèrent chez une même espèce, suivant la race que l'on considère. L'élevage a eu précisément pour résultat de spécialiser certaines races dans la production du lait. En France, les races de vaches laitières les plus renommées sont : la vache flamande, la vache boulonnaise, la vache picarde, la vache bordelaise, la vache bretonne (fig. 1), et la vache normande.

Les vaches spécialisées dans la production du lait sont toujours maigres ; il existe certainement une relation entre la sécrétion du lait et l'engraissement, car, lorsqu'une vache laitière engraisse, sa lactation

Fig. 1. — Vache bretonne.

diminue. Ou bien les matières nutritives sont employées à fabriquer de la graisse, ou bien elles sont utilisées à l'élaboration du lait ; la sécrétion du lait et l'engraissement sont toujours incompatibles.

Les animaux élevés en vue de la production du lait peuvent être ensuite utilisés dans la boucherie. Dès que l'on cesse de prélever le lait régulièrement, la sécrétion lactée diminue et l'engraissement commence ; si la vache est encore jeune et vigoureuse, elle peut donc être ensuite nourrie comme animal de boucherie.

Les races de vaches spécialisées pour la production du lait sont généralement caractérisées par des cornes courtes et fines, des oreilles transparentes, une encolure mince, des pieds petits, un corps allongé et dont les formes sont plutôt anguleuses qu'arrondies.

La traite des vaches doit être faite avec beaucoup de propreté ; le lait est recueilli dans des seaux en bois. S'il est destiné à être vendu on le place dans des vases en fer-blanc ; on le transvase dans des terrines vernissées ou dans des baquets en bois s'il doit être écrémé.

Outre le lait de vache, on utilise dans certaines régions le lait de chèvre, le lait de brebis, le lait d'ânesse.

Altérations du lait. — Lorsque le lait est abandonné au repos, il se produit une fermentation aux dépens du sucre de lait qu'il renferme. Un ferment, appelé *ferment lactique*, se développe dans le lait, et décompose le sucre de lait en donnant de l'acide lactique. Cet acide agit comme l'acide acétique dont nous avons parlé plus haut, c'est-à-dire qu'il précipite la caséine, déterminant ainsi la coagulation du lait. Cette altération du lait est plus rapide par les temps orageux que par les temps ordinaires ; elle se produit également plus vite lorsqu'il fait chaud que lorsqu'il fait froid.

Les animaux nourris de choux, de feuilles de châtaignier, sécrètent un lait amer.

Ceux qui mangent du fenouil, de l'absinthe, de l'ail, du raifort, produisent un lait odorant.

Lorsque la grassette, ou *Pinguicula vulgaris*, se trouve dans la nourriture des vaches laitières, le lait sécrété aigrit rapidement et devient visqueux.

Le lait des animaux qui mangent de la garance est

coloré en rouge, celui des animaux qui se nourrissent surtout de sainfoin est bleu.

Dans certains cas, le lait présente une forte coloration bleue qui est due à la présence d'organismes microscopiques, tels que le bacille cyanogène ou les filaments et les spores d'une algue du genre *Leptomitus*. Une coloration jaune est parfois aussi déterminée par la présence de certaines bactéries.

Les laits de vaches malades sont à rejeter, car ils peuvent renfermer des germes dangereux, tels que ceux de la fièvre typhoïde, de la phtisie, etc.

Falsification. — Les falsifications du lait portent sur la teneur en matières grasses et sur la teneur en eau. En écrémant le lait, on augmente sa densité, par conséquent la détermination de la densité permettrait de déceler la fraude. Mais si, après la séparation de la crème, on ajoute un peu d'eau, la densité devient normale ; sa détermination ne suffit donc pas à caractériser la falsification.

Le lait écrémé est plus bleu que le lait complet, aussi les falsificateurs masquent-ils cette couleur bleue par l'addition d'un liquide jaune, tel que le jus de réglisse ou la décoction de carottes grillées.

Lorsque le laitier se contente d'ajouter de l'eau sans écrémer, il ramène le lait à sa densité normale par addition de substances diverses telles que la farine, la fécule, la gomme arabique, etc.

Pour retarder la coagulation du lait, certains laitiers l'additionnent de bicarbonate de soude. Nous avons vu que les acides coagulent le lait en déterminant la précipitation de la caséine ; les alcalis entravent cette précipitation en neutralisant l'acide lactique qui se produit au cours de la fermentation lactique ; l'addition de bicarbonate de soude permet donc de conserver au lait son aspect normal en masquant une fermentation plus ou moins avancée.

On voit donc qu'une analyse chimique complète et une analyse microscopique sont souvent nécessaires pour mettre en évidence les falsifications du lait.

Koumys. — Le koumys est une boisson fermentée préparée avec le lait d'ânesse, le lait de vache, ou celui de jument. Il est très apprécié par les peuples nomades de l'Asie ; il est employé en médecine dans nos régions.

Nous avons vu que le sucre du lait peut être décomposé par le ferment lactique et fournir de l'acide lactique ; il peut également être décomposé par la levure de bière ou par certains autres organismes et produire de l'alcool. La préparation du koumys est basée sur ce principe.

Képhyr. — Le képhyr est également une boisson fermentée. Il s'obtient en ajoutant au lait de vache un ferment particulier connu sous le nom de *grains* ou *semences de képhyr*. Ces grains, de forme ovoïde, renferment trois sortes d'éléments : des levures, qui transforment une partie du sucre en alcool et acide carbonique, des ferments lactiques, qui agissent sur une autre partie du sucre en le décomposant avec formation d'acide lactique ; des bactéries spéciales qui modifient la caséine.

Le képhyr était préparé depuis très longtemps par les peuplades qui habitent les régions septentrionales du Caucase. Il y a relativement peu de temps que l'on a pu arracher aux montagnards le secret de la préparation de cette boisson, qui est actuellement considérée comme un médicament excellent donnant de très bons résultats dans le traitement des maladies des poumons, de l'estomac et de l'intestin.

Lait concentré. — Le lait concentré est une forme du lait qui rend de très grands services dans tous les cas où il est nécessaire de conserver le lait pendant longtemps et de le transporter sous un petit volume. La préparation du lait concentré se fait surtout aux Etats-Unis et en Suisse. Elle comprend les manipulations suivantes :

Le lait frais est tout d'abord filtré sur un tamis de soie qui le débarrasse de toutes les poussières et impuretés qu'il peut renfermer. Après quoi il arrive dans des chaudières en cuivre chauffées par la vapeur à une température de 35° ; on lui ajoute alors le huitième de son poids de sucre de canne. Ce lait sucré est conduit dans d'autres chaudières chauffées à 52° et dans lesquelles on fait un vide partiel représenté par une dépression d'environ 10 millimètres de mercure. Dans ces conditions, le lait bout sans s'altérer ; l'opération est poussée jusqu'à ce que le liquide soit réduit au 1/3 de son volume primitif. Le produit qui sort de ces chaudières est sirupeux ; on le refroidit rapidement, et on le distribue dans des boîtes métalliques qui sont immédiatement scellées.

Le lait fournit deux produits alimentaires importants : le beurre et le fromage.

2. — Beurre.

Lorsqu'on soumet le lait à une agitation prolongée, les globules de graisse se séparent et constituent le beurre. Un litre de lait donne en moyenne de 30 à 33 grammes de beurre.

Constitution. — Le beurre contient environ 12 p. 100 d'eau, 1 p. 100 de matières albuminoïdes, et 87 p. 100 d'une matière grasse fusible vers + 30°.

Au point de vue chimique, la matière grasse constituant la plus grande partie du beurre est un mélange de plusieurs éthers de la glycérine, c'est-à-dire de corps résultant de la combinaison d'acides gras avec la glycérine. Parmi ces éthers, les principaux sont l'oléine, la palmitine et la stéarine, qui résultent de la combinaison avec la glycérine de l'acide oléique, de l'acide palmitique et de l'acide stéarique ; à côté de ces trois éthers on rencontre aussi, mais accessoirement, des éthers butyrique, caproïque, etc.

Lorsque le beurre rancit à l'air, c'est que, les éthers étant décomposés, les acides gras et la glycérine sont mis en liberté ; de son côté la glycérine se transforme en acroléine et acide formique.

Le beurre est de couleur jaune ; il est onctueux au toucher, sa saveur est douce et agréable.

Fabrication. — La fabrication du beurre consiste à extraire du lait la matière grasse qu'il renferme. Cette extraction pourrait s'effectuer en partant du lait lui-même, mais il est plus avantageux d'isoler tout d'abord du lait un mélange de la matière grasse qu'il renferme avec une petite quantité de lait. Ce mélange porte le nom de *crème*, et l'opération qui consiste à séparer la crème du lait s'appelle *écrémage*.

La crème se sépare du lait spontanément ; il suffit d'abandonner un peu de lait au repos pour voir la crème monter à la surface. Certaines précautions sont cependant indispensables pour obtenir une crème convenable. Une température variant entre 12 et 15° est nécessaire ; au-dessous de cette température, la montée de la crème se fait mal, au-dessus l'écrémage devient impossible car les microorganismes envahissent le lait. L'air de la salle dans laquelle se fait l'écrémage doit être sec ; un air humide favorise, en effet, comme une température trop élevée, le développement des microorganismes. Le lait qui va servir à l'extraction de la crème ne doit pas être agité ; on le divise dans des récipients plats où la séparation de la crème se fait plus rapidement que dans les vases profonds. En dehors de l'écrémage naturel, il existe un moyen, qui est actuellement très employé, de séparer la crème du lait : c'est celui qui consiste à utiliser la force centrifuge. On a construit de nombreux modèles de centrifugeuses qui permettent d'opérer la séparation de la crème d'une manière plus parfaite qu'elle ne peut avoir lieu dans l'écrémage naturel. Le lait écrémé naturellement renferme encore 0,80 p. 100 de matières grasses environ, tandis que le lait écrémé au moyen d'une centrifugeuse ne renferme que 0,15 à 0,25 p. 100 de matières grasses.

La crème étant séparée du lait, elle n'est pas immédiatement soumise à l'extraction du beurre. On la laisse s'acidifier tout d'abord ; cette seconde partie de la fabrication du beurre s'appelle la *maturation*. Au cours de la maturation, la crème fermente ; il se forme de l'acide lactique qui saponifie une petite partie des corps gras, et qui assurera ultérieurement la conservation du beurre en empêchant l'envahissement par des microorganismes. En même temps que de l'acide-lactique se forme, divers autres composés prennent naissance, qui contribueront à donner au beurre son arome particulier. La maturation de la crème dure pendant dix-huit à vingt-quatre heures ; elle doit être faite à une température de 14° environ en été, et de 19° en hiver.

Après une maturation convenable, la crème est soumise à une agitation prolongée ; cette opération se fait dans des appareils particuliers appelés *barattes* ; elle a pour but d'agglomérer les globules gras qui, dans la crème, nagent encore dans une certaine quantité de liquide.

Il existe plusieurs modèles de barattes. La baratte normande est constituée par un tonneau en chêne tournant autour de son axe ; à l'intérieur de ce tonneau se trouve un agitateur fixe. La baratte rotative, ou baratte Victoria (fig. 2), est constituée par un tonneau reposant sur un chevalet au moyen de deux tourillons. Elle ne renferme pas d'agitateur à l'intérieur. La baratte danoise est de forme tronconique ; elle est en bois et renferme trois contre batteurs verticaux et un agitateur. Elle peut être mue par un moteur.

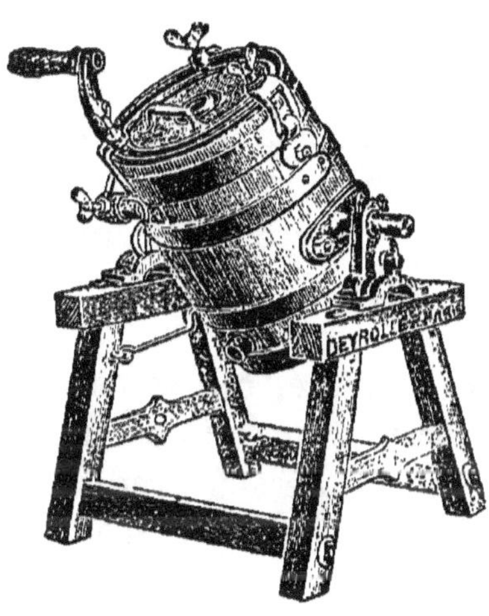

Fig. 2. — Baratte rotative.

Les crèmes obtenues en été donnent un beurre franchement coloré en jaune, car les animaux sont alors nourris de végétaux frais. Au contraire, les crèmes préparées en hiver donnent un beurre blanc ou très peu coloré ; aussi additionne-t-on cette crème, avant de l'introduire dans la baratte, d'une quantité convenable d'un colorant constitué par une dissolution de rocou dans l'huile de lin, ou par du jus de carotte, ou encore, par de l'extrait de fleurs de ronce.

La température à laquelle doit être fait le barattage varie entre 11° et 19° suivant la nature de la crème que l'on emploie. L'opération dure généralement de 35 à 50 minutes ; on l'arrête dès que les premiers grumeaux de beurre ont atteint la grosseur d'une tête d'épingle.

Quand le barattage est terminé, on soutire le liquide contenu dans la baratte, et on le filtre sur un tamis de soie. Le beurre reste au-dessus tandis que le liquide appelé *babeurre* s'écoule. On remplace alors le babeurre par une quantité d'eau égale et on baratte lentement ; on recommence ce lavage trois fois. Quand la troisième eau a passé sur le beurre, les grumeaux ont atteint la grosseur d'un grain de blé ; lorsque cette troisième eau est séparée, elle est tout à fait claire ; le beurre peut alors être extrait de la baratte.

Le beurre ainsi préparé doit encore être soumis au *malaxage*. Cette opération a pour but de débarrasser le beurre des traces de liquide qu'il renferme, et de le rendre parfaitement homogène. Il existe différents modèles de malaxeurs ; tous sont constitués essentiellement par une table tournante sur laquelle se trouve un rouleau cannelé, mobile autour de son axe ; le beurre est placé sur la table, et se trouve malaxé entre le rouleau et la table. Le ma-

laxage doit être effectué à une température de 15°
à 16°.

Après avoir été soumis à un malaxage convenable,
le beurre est enfin mis en moule et livré au commerce.

Altérations et falsifications. — Sous l'action
de l'air, les matières grasses qui constituent le beurre
se saponifient en partie ; divers acides gras tels que
l'acide butyrique, l'acide caproïque, etc., sont ainsi
mis en liberté et communiquent au beurre une saveur
âcre et une odeur désagréable. On dit alors que le
beurre est *rance*.

Les falsifications du beurre sont nombreuses ;
elles consistent à lui ajouter soit des matières grasses
étrangères (suif, axonge, vaseline, et surtout margarine), soit des substances lourdes (amidon, fécule,
farine, fromage, craie, argile, sulfate de baryte,
carbonate, acétate et chromate de plomb), ou
capables d'absorber l'eau (borax, alun, silicate de
potasse, etc.) et destinées à augmenter le poids du
produit, soit encore du beurre de mauvaise qualité.

3. — Fromages.

Fabrication. — Nous avons vu que lorsque le
lait est additionné de présure, la caséine est dédou-
blée en paracaséine et protéose ; la paracaséine forme,
avec les sels de calcium du lait, un paracaséinate
de calcium insoluble qui précipite, entraînant avec
lui toutes les substances qui se trouvent en suspension dans le lait. On est donc finalement en présence
d'un liquide clair, le *petit-lait*, et d'un coagulum
qui n'est autre que le *fromage*.

La coagulation du lait sous l'influence de la présure représente la première partie de la fabrication du fromage.

Qu'est-ce que la présure ? C'est un ferment qui est sécrété normalement par une partie de l'estomac des Ruminants. On sait que chez les Ruminants l'estomac est un peu plus compliqué que chez les

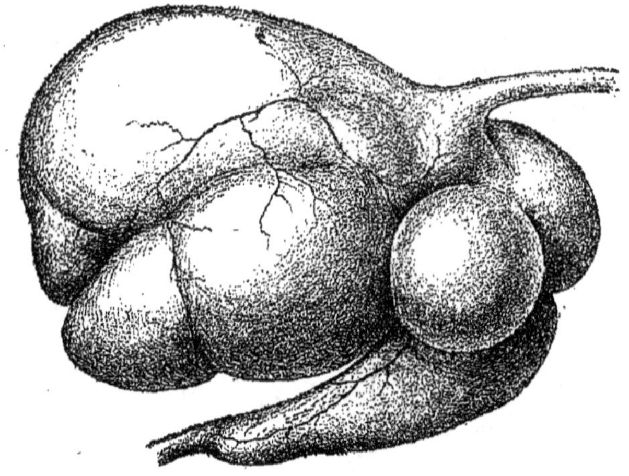

Fig. 3. — Estomac de Ruminant (bœuf).

autres Mammifères. Il comprend : 1° une vaste poche, la *panse*, où s'accumule l'herbe qui vient d'être broyée dans la bouche ; 2° le *feuillet*, où reviennent les aliments après être remontés de la panse dans la bouche où ils ont été mâchés complètement ; 3° la *caillette*, dont les parois produisent le suc gastrique agissant sur les aliments pour les digérer ; 4° le *bonnet*, où s'accumule l'eau avalée par l'animal.

Ces quatre parties de l'estomac des Ruminants ont des fonctions distinctes à accomplir ; chacune est adaptée à un travail spécial, et par conséquent chacune est constituée d'une manière particulière. On peut voir d'après les figures ci-contre que ces régions diffèrent par leur forme, leurs dimensions (fig. 3) et surtout par la constitution de leurs parois (fig. 4).

En réalité, l'une de ces quatre parties peut seule être comparée à l'estomac des autres Mammifères, c'est la caillette. La caillette est le véritable estomac, c'est le seul dont les parois produisent le suc gastrique qui joue le rôle principal dans la digestion stomacale des aliments. Dans la figure 3, la caillette est le renflement allongé dont l'extrémité se prolonge

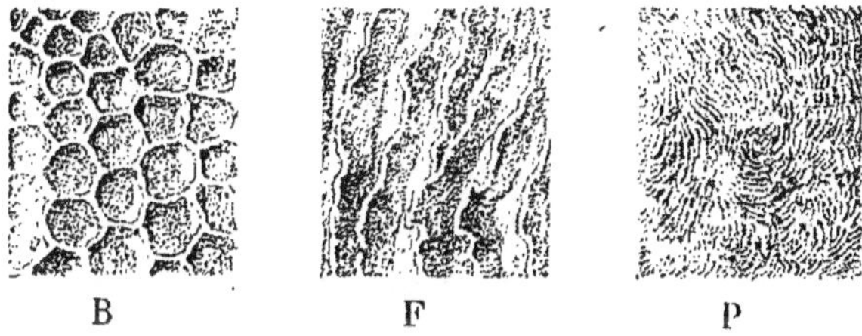

Fig. 4. — Parois internes des différentes parties de l'estomac d'un bœuf; B, bonnet; F, feuillet; P, panse.

par l'intestin. Eh bien, c'est cette partie de l'estomac des Ruminants qui produit la présure que l'on emploie pour coaguler le lait, et, en pratique, on extrait ce ferment de la caillette des jeunes veaux.

Différents agents agissent sur la coagulation du lait par la présure, et jouent par conséquent un rôle dans la fabrication des fromages.

La quantité de présure employée a une importance notable ; il existe, entre le temps de coagulation et la quantité de matière coagulante employée, une relation que l'on a traduite par la loi suivante : à une même température, les durées de coagulation sont en raison inverse des quantités de présure employées.

La quantité de ferment utilisé a aussi une action sur la consistance du coagulum ; beaucoup de présure détermine la formation d'un caillé ferme, peu de présure produit un caillé mou.

La température intervient également dans la consistance du coagulum. Un caillé formé à basse température est mou ; il est ferme lorsqu'il s'est constitué à haute température.

Les sels de soude, de potasse, d'ammoniaque, ralentissent la coagulation ; les sels de chaux l'accélèrent au contraire.

Lorsque la coagulation du lait s'est effectuée, le coagulum résultant de l'action de la présure est séparé du petit-lait ; pour activer la séparation on réduit le caillé en menus fragments, et les surfaces de sortie du liquide sont ainsi augmentées.

Parmi les substances contenues dans le lait, le caillé renferme : la presque totalité des matières grasses, la paracaséine à l'état de paracaséinate de calcium, provenant du dédoublement de la plus grande partie de la caséine qui s'y trouvait en suspension, et la totalité du phosphate de chaux qui y était également en suspension.

Le sérum ou petit-lait renferme un peu de matières grasses, le sucre de lait, une petite partie de la caséine en suspension, la caséine qui était dissoute, la protéose qui se forme à côté de la paracaséine pendant le dédoublement de la caséine, le phosphate de chaux dissous, les sels solubles.

La division du caillé, dont nous avons parlé plus haut, ne se fait pas de la même manière dans la préparation de tous les fromages.

Pour certains fromages, on divise très peu le caillé ; pour d'autres, au contraire, la division est poussée très loin et on l'active même au moyen de la chaleur qui facilite la contraction du caillé, et qui, d'autre part, permet de conserver les fromages pendant très longtemps. On fait intervenir la chaleur dans la fabrication du gruyère, par exemple.

Après la séparation du petit-lait, certains fromages sont soumis à une pression plus ou moins intense dans le but d'enlever le petit-lait en presque totalité, de former une croûte, et de donner au fromage une forme déterminée. Les fromages pressés sont plus durs et fermentent moins facilement que les autres.

Le fromage est ensuite salé puis soumis à la maturation.

Cette dernière phase de la fabrication des fromages est une des plus importantes : c'est au cours de la maturation que le fromage acquiert les propriétés qui le caractérisent. Aussi les conditions de maturation varient-elles avec chaque sorte de fromage. Les agents qui interviennent pour modifier la marche de la maturation sont : la réaction neutre, acide ou alcaline du caillé, la température, l'état hygrométrique et le mode d'aération de la salle dans laquelle se fait cette opération. La maturation a pour but de déterminer une fermentation du fromage. Il existe, dans le caillé, un ferment, la caséase qui a la propriété de solubiliser une partie de la caséine pendant que différents produits apparaissent ; les ferments lactiques, les moisissures interviennent également d'une manière plus ou moins importante et inégale pour chacun d'eux suivant les conditions de la maturation. On comprend donc que les substances qui prennent naissance au cours de ces fermentations diffèrent suivant la manière dont les fermentations

Fromages obtenus par coagulation au moyen de la présure. . . .

- Fromages à pâte molle.
  - Fromages frais.
    - Fromages non salés.
      - Fromages double crème (suisses).
      - Bondons.
      - Malakoffs.
      - Petits-carrés.
    - Fromages salés.
      - Fromages demi-sel.
  - Fromages affinés, c'est-à-dire ayant subi une fermentation.
    - Avec moisissures à la surface.
      - Brie.
      - Camembert.
      - Gournay.
      - Olivet.
    - A croûte lavée.
      - Géromé.
      - Pont-l'Evêque.
      - Livarot.
- Fromages à pâte ferme.
  - Fromages avec moisissures à l'intérieur.
    - Roquefort.
    - Pâtes bleues.
      - Fourme d'Ambert.
      - Gex.
      - Sassenage.
      - Septmoncel.
  - Fromages sans moisissures à l'intérieur, et à croûte résistante.
    - Cantal.
    - Hollande.
    - Edam.
    - Gouda.
    - Port-Salut.
    - Gruyère.
    - Emmenthal.

Fromages obtenus par coagulation spontanée. . . . .

- Fromagère.
- Cancoillotte.

se sont produites : ce sont ces substances qui donnent aux divers fromages leur saveur particulière.

Il existe un nombre considérable de variétés de fromages ; nous avons réuni dans le tableau ci-contre les principales, en indiquant par quels caractères diffèrent les divers groupes.

Certains fromages sont préparés par coagulation spontanée. Ce mode de préparation est basé sur le principe suivant, dont il a été parlé plus haut. Lorsque du lait est abandonné au contact de l'air, le lactose qu'il renferme est dédoublé par le ferment lactique ou acide lactique et différents autres produits. L'acide lactique précipite la caséine et détermine ainsi la coagulation du lait.

FALSIFICATIONS. — Les fromages sont rarement falsifiés ; on leur ajoute parfois cependant, dans le but d'augmenter leur poids : des substances minérales telles que, le sel ordinaire, l'acide borique, le borax, des phosphates alcalins ou alcalino-terreux ; des substances organiques, telles que la fécule de pomme de terre, des colorants divers.

4. — **Poils et fourrures**.

Structure des poils. — Les poils sont des productions épidermiques qui caractérisent le groupe des Mammifères. Chaque poil consiste en un cylindre dans lequel on peut distinguer plusieurs régions. A la périphérie se trouve une lame mince à laquelle on donne le nom de *cuticule ;* en dedans de la cuticule se trouve *l'écorce,* de consistance cornée ; à l'intérieur de l'écorce se trouve la *moelle,* qui forme par conséquent l'axe du poil.

La moelle est constituée par des cellules qui sont arrondies et remplies de liquide dans la base du poil, tandis qu'elles sont généralement desséchées et pleines d'air dans la région qui émerge à la surface de la peau. Quelquefois la moelle n'est représentée que par une cavité limitée par l'écorce; cette cavité est alors continue tout le long du poil, ou bien se trouve interrompue de place en place par des cloisons transversales.

L'écorce est constituée par des cellules fusiformes, allongées et intimement soudées entre elles.

Cette partie du poil renferme les pigments qui donnent à cette production sa coloration particulière. On sait que cette coloration varie avec les individus et même avec les différentes régions du même individu. Ces pigments disparaissent avec l'âge; ils manquent complètement chez les albinos.

La cuticule est formée d'éléments aplatis, écailleux, polygonaux, imbriqués comme les tuiles d'un toit.

Les poils des divers animaux diffèrent entre eux par l'épaisseur respective des trois parties constitutives et par les caractères des cellules qui forment ces diverses parties.

La moelle est plus ou moins développée et peut même manquer complètement chez certaines espèces.

L'écorce est très mince chez les Rongeurs par exemple.

Enfin la cuticule peut offrir un aspect très différent suivant la constitution particulière de ses cellules.

Développement des poils. — Les poils se constituent dans de petites cavités ou follicules pileux creusés dans le derme. La partie du poil qui se loge dans le follicule pileux, ou racine du poil, se renfle à son extrémité en une masse ovoïde, le *bulbe*. Dans la partie inférieure du poil, pénètre un prolongement du derme, la *papille*. Dans cette papille arrivent les vaisseaux sanguins et les nerfs.

Au début de son développement, le poil reste enfermé dans le follicule pileux : puis sa pointe émerge à l'ouverture de cette petite cavité, et grandit peu à peu dans l'air. Pendant tout son développement, le poil tire sa nourriture de la papille.

Lorsque l'axe de la papille est perpendiculaire à la surface de la peau, le poil se développe suivant cet axe et il est dit droit. Le poil est au contraire oblique par rapport à la surface de la peau lorsque la papille qui lui a donné naissance est elle-même oblique. Ce dernier cas est le plus fréquent. Dans le derme, à côté des follicules pileux, se trouvent des glandes dont le conduit excréteur vient s'ouvrir dans le follicule. Ces glandes sont appelées *glandes sébacées* ; elles sécrètent une substance grasse, le *sébum*, destiné à lubréfier la surface des poils et celle de la peau.

Les glandes sébacées sont des glandes en grappes dont la sécrétion est dite sécrétion par fonte épithéliale. Dans les cellules sécrétrices de chaque glande, se constituent des gouttelettes d'huile qui finissent par remplir complètement les cellules ; ces dernières se détachent et ce sont leurs débris qui constituent le sébum excrété par le canal glandulaire. Chez le mouton, ce liquide est appelé suint.

A la base de chaque poil est inséré un petit muscle dont l'autre extrémité est fixée à la surface du derme. Ce muscle, appelé *muscle horripilateur*, produit en se contractant le redressement du poil (lorsque ce dernier a une direction oblique par rapport à la surface de la peau). Le froid, les émotions violentes, déterminent les contractions de ces muscles.

On trouve généralement, à la surface de la peau d'un Mammifère, deux sortes de poils. Les uns sont soyeux, raides et lisses, ils constituent la *jarre*; les autres sont beaucoup plus fins, et plus petits que les précédents au milieu desquels ils se trouvent cachés ; ils constituent le *duvet* ou la *bourre*.

Les poils appartenant au premier type dominent chez les Mammifères des pays chauds ; ceux qui appartiennent au second type sont au contraire les plus abondants chez les Mammifères vivant dans les pays froids.

La fourrure des animaux vivant dans un pays qui est alternativement froid et chaud se modifie avec la température ; le duvet y est peu abondant pendant la saison chaude, et augmente considérablement au début de la saison froide.

Quelques Mammifères ont une fourrure présentant des reflets métalliques ; certains pelages sont teintés de vert, par exemple celui du Chrysochlore du Cap de Bonne-Espérance ; mais en dehors de ces cas qui sont d'ailleurs assez rares, la coloration des poils varie entre le roux, le brun et le noir. D'une manière générale, les poils qui se trouvent dans les régions du corps les plus éclairées sont ceux qui présentent les teintes les plus foncées ; c'est ainsi que, chez la plupart des Mammifères, les poils de la région dorsale sont plus foncés que ceux de la région ventrale. Il existe peu d'exceptions à cette règle ; cependant il faut dire que le Blaireau a le ventre noir, et le dos gris ; le Hamster est gris roussâtre au-dessus et noir au-dessous.

Les animaux des pays chauds sont caractérisés par un pelage présentant de vives couleurs, tandis que dans les régions froides, le blanc domine.

Les Mammifères qui habitent des contrées alternativement chaudes et froides possèdent, pendant la saison chaude. un pelage plus vivement coloré que celui qu'ils ont pendant la saison froide. Toutes les parties rousses ou brunes deviennent plus pâles ou même blanches en hiver ; seules, les régions colorées en noir ne changent jamais de teinte ; c'est ainsi que chez l'Hermine, la plus grande partie de la fourrure, qui est rousse en été, devient blanche en hiver, tandis que le bout de la queue reste noir pendant toute la vie de l'animal. Le climat influe donc aussi sur la coloration des poils.

La domestication des animaux paraît également influer sur la coloration de leur fourrure ; le pelage du Chat sauvage, par exemple, présente des dessins très réguliers tandis que celui du chat domestique est très irrégulièrement coloré.

Mue. — Nous avons vu tout à l'heure que le poil reçoit sa nourriture dans la racine, par l'intermédiaire des vaisseaux qui irriguent la papille ; c'est par sa racine qu'il s'accroît, mais c'est aussi par sa base qu'il commence à s'atrophier. Lorsqu'un poil est tombé, un autre se développe dans le même follicule. Lorsque, chez un Mammifère, la plus grande partie des poils tombe et se trouve ensuite remplacée par des poils nouveaux, on dit que l'animal a *mué*. Chez beaucoup de Mammifères, ce changement de poils, ou *mue*, s'effectue périodiquement ; il a lieu en automne ; à ce moment l'animal perd son pelage d'été pour prendre son pelage d'hiver, et au printemps il perd alors son pelage d'hiver, pour prendre son pelage d'été.

Usages des poils. — Un grand nombre de Mammifères fournissent leurs poils à l'industrie ; tantôt ces productions sont fines, souples et douces au toucher, constituant les *poils proprement dits* ou les *duvets ;* tantôt elles sont flexibles et tendent à se vriller (*laines*) ; parfois elles sont épaisses (*soies*) ou dures, brillantes, longues et flexueuses (*crins*); certaines sont extrêmement grosses et coniques (*épines* et *piquants*).

L'homme a su appliquer toutes ces productions à des usages variés.

Souvent on isole les poils de la peau qui les a produits ; certains sont tissés (laines de Mouton, de Chèvre), d'autres servent à faire des brosses (soies de Porc), des pinceaux (poils de Blaireau), des cribles (crins de Cheval) ; la crinière des Chevaux, la queue des Bœufs et des Chevaux, sont utilisées par les tapissiers, les matelassiers et les carrossiers ; les cheveux humains sont employés par les perruquiers. En d'autres cas l'homme utilise l'ensemble des poils et de la peau dans laquelle ils sont insérés. Ces peaux sont l'objet d'un commerce extrêmement important de la part des fourreurs, des pelletiers, des tapissiers. Certaines sont réservées à la chapellerie après avoir été feutrées.

Avant de passer en revue les différents Mammifères de France dont les productions pileuses font l'objet d'une application industrielle quelconque, nous allons exposer brièvement · quelles préparations doivent subir les poils, les laines, les fourrures et les peaux pour être employés à l'usage de l'homme.

Préparation des fourrures. — Pour être appliquées aux divers usages auxquels on les destine, les fourrures doivent subir une série de manipulations dont le but est de donner plus de souplesse à la peau et plus de brillant au poil.

Avant d'arriver chez le fourreur, les peaux ont déjà subi une première préparation ; elles ont été séchées au soleil aussitôt après avoir été séparées de l'animal. La série des manipulations auxquelles les peaux séchées sont soumises comprend deux parties : l'*apprêtage* et le *lustrage*.

Apprêtage. — L'apprêtage des peaux comporte un grand nombre de manipulations que nous allons successivement passer en revue, et qui sont : le *mouillage*, l'*écharnage*, le *sapinage*, le *boursage*, le *graissage*, le *broyage*, l'*assouplissage*, le *dégraissage*, le *ballage* et le *parage*.

Les peaux, ayant été séchées avant leur arrivée dans l'atelier du fourreur, sont donc tout d'abord soumises à l'opération du mouillage, dont le but est de leur redonner la souplesse qu'elles présentaient lorsqu'elles étaient fraîches. A cet effet, les peaux sont placées dans un premier bain d'eau salée où on les laisse s'imbiber pendant deux jours. Le troisième jour, on les foule avec les pieds matin et soir et on les replace dans un bain d'eau salée moins riche en sel ; ce foulage est répété le quatrième et le cinquième jour et la solution de sel est remplacée chaque fois par une solution de moins en moins concentrée. Le sixième jour, les peaux sont placées dans l'eau pure, où elles sont maintenues jusqu'au dixième jour. A ce moment, elles sont retirées de l'eau ; l'opération du mouillage est terminée ; on dit que les peaux sont *revenues*.

Les fourrures sont ensuite débarrassées des restes de chair et de graisse qui adhèrent encore à la face opposée à celle sur laquelle sont insérés les poils. Pour cela les peaux sont râclées régulièrement par la lame d'un couteau fixé sur un banc en bois auquel on donne le nom de *banc à tirer*. Cette partie de l'apprêtage s'appelle l'*écharnage*.

On procède ensuite au *sapinage*, opération qui a pour but de débarrasser les poils des substances visqueuses dont ils sont recouverts ; on se sert pour cela d'huile d'olive.

Les peaux sont ensuite soumises au *boursage* qui consiste : pour les peaux qui n'ont pas été ouvertes par le ventre, à fermer la partie ouverte après avoir retourné la fourrure de manière que le poil soit à l'intérieur : pour les peaux qui ont été ouvertes par le ventre, à coudre ces peaux deux par deux, poil contre poil.

Le *graissage* fait suite au boursage ; les peaux sont enduites, du côté chair, d'un corps gras tel que la graisse de porc, l'huile d'olive, le beurre, etc.

Le *broyage* a pour but d'assouplir les peaux et de faire pénétrer dans l'épaisseur des tissus le corps gras dont on a recouvert la surface. Cette opération se faisait autrefois en foulant pendant longtemps les peaux avec les pieds à une température de 20°. Aujourd'hui on utilise encore assez souvent cette méthode, mais les nouvelles installations l'ont remplacée par le broyage mécanique, obtenu à l'aide d'appareils spéciaux auxquels on donne le nom de *foulons*. Le broyage est terminé lorsque les fibres des peaux sont bien dilatées et que leur ensemble offre une teinte blanchâtre.

Les peaux sont ensuite *déboursées ;* celles qui

n'avaient pas été ouvertes par le ventre sont fendues longitudinalement sur la face ventrale à l'aide du *couteau de fourreur*, lame mince et tranchante, à manche court ; celles qui avaient été ouvertes par le ventre et cousues deux à deux sont simplement décousues. Puis toutes ces peaux sont étendues, séchées, et soumises à l'*assouplissage*.

Il existe divers procédés pour assouplir les peaux. L'un d'eux consiste à battre les fourrures du côté du poil avec une baguette ; on peut aussi frotter le côté chair sur une corde tendue ; ou bien encore, on frappe les peaux à l'aide du *palisson*, sorte de battoir en fer emmanché sur une tige de bois.

Les peaux assouplies sont soumises au *dégraissage*. Cette opération se fait dans une sorte de tonneau susceptible de tourner autour de son axe, et dont les parois sont pourvues intérieurement de chevilles. L'instrument est muni d'une poignée qui permet de le faire tourner. Les peaux sont placées dans ce tonneau avec du sable fin, de la craie, du plâtre, ou bien encore de la sciure de bois et du son, puis on imprime à l'instrument un mouvement de rotation régulier.

Au contact des diverses substances absorbantes au milieu desquelles elles se meuvent, les peaux perdent les matières grasses dont elles sont imprégnées.

Après le dégraissage, les peaux sont battues à la baguette, débarrassées des matières étrangères qui y adhèrent encore et battues à nouveau à la baguette, puis au palisson.

Il ne reste plus qu'à *parer* les peaux ainsi préparées ; cette dernière partie de l'apprêtage consiste à brosser les poils et à les peigner.

Lustrage. — Cette opération a pour but de cacher les défauts des peaux, de rendre les poils plus brillants en leur conservant leur couleur, ou bien de donner aux poils une teinte différente de celle qu'ils ont.

Le *blanchiment* des fourrures s'obtient en soumettant les peaux à l'action de l'acide sulfureux ou de l'hydrosulfite de soude, ou bien encore d'une essence telle que celle de lavande ou de serpolet. L'eau oxygénée est également employée dans le même but.

Pour obtenir le blanc éclatant, on soumet les peaux à l'*azurage*, opération qui consiste à traiter ces peaux par de l'eau chargée de carmin d'indigo.

On peut donner plus de brillant au poil en le frottant avec un vernis contenant de l'alcool, de la sandaraque, de la cérésine, de la glycérine et du jaune d'œuf.

Le *lustrage en noir* s'obtient par l'emploi successif de deux mordants ; le premier est composé d'eau, de chaux, de chlorhydrate d'ammoniaque et d'alun ; le second est une solution aqueuse de couperose verte.

Le lustrage en marron s'obtient avec les mêmes mordants que le lustrage en noir, mais les différentes substances qui les constituent y entrent dans des proportions beaucoup plus faibles.

Le tachetage et le mouchetage s'obtiennent en appliquant au pinceau, sur les peaux, soit une solution décolorante (hydrosulfite de soude) pour l'obtention de taches blanches, soit une teinture en noir, pour l'obtention de taches noires.

Connaissant dans ses grandes lignes la marche suivie pour transformer les peaux qui viennent d'être enlevées de l'animal en fourrures prêtes à être adaptées à nos besoins, nous allons maintenant pouvoir passer en revue les différents Mammifères français auxquels l'industrie s'adresse pour alimenter ses ateliers de fourrures.

Blaireau. — Le pelage du Blaireau (fig. 5) est formé de poils dont la base et la pointe sont blanches et

Fig. 5. — Blaireau.

dont la région médiane est noire. Contrairement à ce que l'on observe chez la plupart des Mammifères, la région ventrale de l'animal est de couleur plus foncée que son dos. De chaque côté de la tête, une bande noire couvre l'œil et l'oreille. Une tache blanche part de la moustache pour se terminer à l'épaule.

Le Blaireau est un animal égoïste et insociable, vivant dans un terrier spacieux et très propre. Sa fourrure sert à faire des manchons, des colliers pour les chevaux et pour les chiens.

Les poils séparés de la peau servent à fabriquer

des pinceaux pour la peinture (fig. 6 B) ou des pinceaux pour la barbe (fig. 7).

Marte commune ou Marte des pins. — La fourrure du mâle est de couleur brun foncé sur le dos de l'animal, et d'un brun plus clair sur le front et les

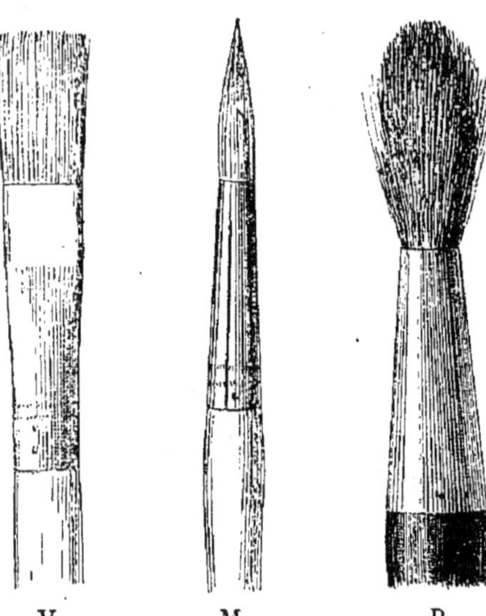

Fig. 6. — Pinceaux : V, en poils de Vache ; M, en poils de Marte ; B, en poils de Blaireau.

Fig. 7. — Savonnette pour la barbe, en poils de Blaireau.

joues ; le museau est fauve, le ventre et les flancs sont jaunâtres, la gorge est d'un beau jaune, la queue est fauve, les pattes sont noires en partie.

La femelle (fig. 8) se distingue du mâle par un pelage moins foncé. Parmi les fourrures provenant de Mammifères français, celle de la Marte est une des plus estimées. Elle sert à fabriquer des manchons, des boas, des pelisses, des bordures de vêtements. Les poils servent à faire des pinceaux extrêmement souples et fins (fig. 6 M).

Fouine. —La Marte fouine (fig. 9) est plus petite que
la Marte des pins ; ses poils sont plus courts et la cou-

Fig. 8. — Marte.

leur de sa fourrure est moins uniforme. C'est lorsque

Fig. 9. — Fouine.

la mue est achevée, à la fin de l'automne ou au com-
mencement de l'hiver, que la Fouine doit être tuée

pour l'utilisation de son pelage. La fourrure de la Fouine est moins estimée que celle de la Marte des Pins ; cependant elle est encore très recherchée, on l'utilise pour faire des doublures et des garnitures de vêtements.

Putois. — Le pelage du Putois mâle (fig. 10) est brun

Fig. 10. — Putois.

noir sous le ventre, plus clair sur le dos et sur les flancs, et plus clair encore au cou. Le ventre est traversé longitudinalement par une bande de couleur roux brun ; le bout du museau et le menton sont blanc jaunâtre, une tache de même couleur se trouve derrière l'œil et se continue derrière l'oreille. Le nez est foncé, les oreilles sont brunes et bordées de blanc.

Le pelage de la femelle diffère de celui du mâle en ce que les parties qui sont jaunâtres dans ce dernier sont plus pâles ou même blanches chez la première.

La fourrure du Putois est chaude et dure très longtemps, mais elle est moins estimée que celle des animaux dont il vient d'être question à cause de l'odeur désagréable qu'elle dégage et aussi parce qu'elle est assez grossière. Le poil de la queue est employé pour faire des pinceaux.

Belette. — Le corps de la Belette est très effilé Le pelage de cet animal est d'un brun roux sur le dessus du corps et blanc dans la région ventrale. Cette fourrure est peu estimée; on la teint souvent en brun foncé et on la vend alors dans le commerce sous le nom de Marte lustrée.

Hermine. — La Belette hermine est un peu plus grosse que la Belette commune et sa queue est un

Fig. 11. — Hermine.

peu plus longue. En été, le pelage de cet animal est marron sur le dessus du corps et blanc ou blanc jaunâtre sur le ventre; la mâchoire inférieure est blanche; pendant cette saison, on donne à l'Hermine le nom de « Roselet ». En hiver tout le pelage devient blanc à l'exception de l'extrémité de la queue qui reste noire (fig. 11); le Roselet se fait ainsi Hermine

Le pelage du Roselet n'est employé que pour la confection de fourrures communes, tandis que celui de l'Hermine est au contraire très estimé. Les peaux d'Hermine sont d'une blancheur parfaite, le poil en est extrêmement doux et fin ; les mouchetures noires que l'on rencontre dans les parures d'Hermine sont faites avec les queues de ces animaux. Les fourrures d'Hermine servent à décorer divers vêtements, on les emploie aussi pour doubler les riches manteaux d'hommes et de femmes.

Dans le commerce, on vend parfois, sous le nom d'Hermine, de modestes peaux de lapins blancs.

Vison. — Le Putois Vison (fig. 12) a un corps plus

Fig. 12. — Vison.

allongé que celui du Putois commun. Son pelage est d'un brun plus ou moins fauve avec une région blanche ou jaunâtre sous la mâchoire inférieure.

Le poil est soyeux et rude.

La fourrure du Vison est employée à la confection de manchons et de diverses parures.

Loutre. — La Loutre (fig 13) a environ la grosseur
d'un petit Renard, ses pieds sont entièrement palmés
jusqu'aux ongles et leur face inférieure est nue.
Le pelage de la Loutre est, sur le dessus du corps,
d'une teinte qui rappelle assez celle du pain d'épices ;
le dessous du corps est de couleur plus pâle ; vers
le cou, la teinte tire sur le blanc. La fourrure du
mâle est de couleur plus foncée que celle de la femelle.

Fig. 13. — Loutre.

Les Loutres ont un poil plus foncé en hiver qu'en
été ; leur pelage d'hiver est plus estimé que leur
pelage d'été.

La fourrure de la Loutre est très chaude ; elle
sert à fabriquer des manteaux, des manchons et des
casquettes.

La chasse à la Loutre n'a pas seulement pour but
de capturer les animaux pour utiliser leur fourrure ;
elle a aussi pour objet de débarrasser les rivières et
les pièces d'eau d'un terrible ennemi du poisson. La
Loutre détruit en effet en peu de temps une énorme
quantité de poissons ; lorsqu'elle en a capturé et
tué une quantité suffisante pour assurer sa nour-

riture, elle continue sa chasse pour le plaisir de tuer.

Ours. — Les Ours ne se rencontrent plus en France que dans les régions très élevées des Alpes et des

Fig. 14. — Ours.

Pyrénées. L'Ours des Alpes est brun noir ou brun jaune ; dans son jeune âge il présente un collier blanc autour du cou ; l'Ours des Pyrénées (fig. 14) est d'un blond jaunâtre clair et ne présente pas dans son jeune âge le collier blanc qui est particulier à l'Ours des Alpes.

Le pelage de l'Ours sert à faire des tapis et des couvertures.

Loup. — En France, les Loups (fig. 15) ne vivent guère que dans les grandes forêts, d'où ils sortent parfois pendant l'hiver lorsqu'ils ne trouvent plus que difficilement leur nourriture habituelle. Le pelage du

Loup commun est d'un gris fauve sur le dessus du corps et d'une teinte plus pâle en dessous. Ce pelage est employé pour fabriquer des vêtements chauds, des manchons, des couvertures et des tapis.

Fig. 15. — Loup.

Chien. — Les pelages de différentes races de Chiens sont utilisés en pelleterie ; on a fabriqué de très curieuses étoffes en tissant le poil de ces animaux.

Renard. — Les diverses variétés de Renard (fig. 16) ont des pelages très différents. Il existe en France trois variétés nettement caractérisées :

Le Renard charbonnier est d'un roux ardent, ses pieds et le bout de sa queue sont noirs.

Le Renard croisé est de teinte plus claire, une bande noire court le long de son dos, ses épaules et ses pattes sont noires, le bout de sa queue est blanc.

Dans ces deux espèces, le ventre, le devant du cou et l'intérieur des cuisses sont blancs ou de couleur très pâle.

Chez une troisième espèce qui habite le midi de la France, la coloration de ces parties du corps est très

Fig. 16. — Renard.

différente ; elle a valu à l'animal le nom de Renard à ventre noir.

Les peaux de Renard servent à fabriquer des manchons, à doubler divers vêtements, à border les manteaux. Les queues de ces animaux sont utilisées pour faire un grand nombre d'objets : manchons, boas, tapis, etc. Pour être utilisées en pelleteries, ces queues sont coupées longitudinalement en étroites bandelettes qui sont ensuite cousues les unes à côté des autres sur un canevas ; en employant des bandelettes de couleur, de largeur et de longueur déterminées, on est arrivé à obtenir de très belles imitations de fourrures d'un prix élevé.

Lynx. — Le Lynx ou Chat Lynx a un pelage dont le fond est de couleur roussâtre : sur ce fond se détachent des taches d'un roux brun qui sont réparties sur toute la surface du corps. Des bandes foncées se trouvent sur le front et les joues. La queue est noire à la base et à l'extrémité ; la région médiane présente des anneaux plus ou moins nets teintés de roux plus ou moins foncés.

Le pelage du Lynx est très estimé en pelleterie ; celui des animaux adultes est vendu sous le nom de peau de Loup-cervier ; celui des animaux jeunes prend le nom de peau de Chat-cervier.

Fig. 17. — Chat sauvage.

Chat. — Les fourrures du Chat sauvage (fig. 17) et du Chat domestique sont assez peu estimées ; elles sont le plus souvent utilisées en pelleterie après avoir été teintes, pour imiter les fourrures d'un prix élevé.

Taupe. — Le pelage de la Taupe (fig. 18) est très brillant et doux au toucher. Il sert à fabriquer des objets de fantaisie. Il est difficile d'utiliser cette fourrure à la fabrication de grandes pièces de pelleterie car on ne peut réunir facilement un grand nombre de peaux ayant la même teinte, le même brillant et la même épaisseur.

Fig. 18. — Taupe.

Genette. — Le pelage de la Genette est formé de poils courts et serrés : il présente de nombreuses taches noires se détachant sur un fond jaune tirant sur le gris clair. La queue présente à sa base et dans la région médiane des anneaux noirs; elle se termine par une partie blanche. La gorge est grise, le museau est brun foncé ; une tache blanche se trouve à l'extrémité de la mâchoire supérieure ; une ligne pâle se détache sur le dessus du nez. Au-dessus et au-dessous de chaque œil se trouve une tache claire.

La fourrure de la Genette était autrefois très estimée ; sa valeur a beaucoup diminué depuis qu'on l'a imitée en semant des taches noires sur des peaux de Lapins. Elle sert cependant encore à confectionner de très beaux manchons.

Marmotte. — Les Marmottes (fig. 19), qui vivent, en France, dans les hautes régions des Alpes et des Pyrénées, ont un pelage assez peu estimé. On ne l'emploie guère que pour fabriquer des manchons

Fig. 19. — Marmotte.

d'un prix peu élevé, et pour border des manteaux. La queue, qui présente des anneaux alternativement teintés en noir et en roux, est utilisée pour fabriquer des bords de gants communs.

Écureuil. — Le pelage de l'Écureuil est différent suivant les régions dans lesquelles vit l'animal, et aussi, dans une même région, suivant la saison à laquelle on le considère.

Les Écureuils de France ont, en été, une fourrure qui est le plus souvent d'un brun roux sur le dessus du corps et gris roux sur la tête ; certains individus sont noirs, d'autres sont blancs, quelques-uns sont tachetés et ont la queue blanche. En hiver, des poils gris se mêlent aux poils bruns ou noirs. En toute saison, le ventre et la gorge de l'animal sont blancs.

La peau des Ecureuils français est peu estimée comme fourrure ; les poils sont surtout employés pour fabriquer les pinceaux fins. Les Ecureuils de Russie fournissent au contraire une énorme quantité de fourrures à la pelleterie. Ces fourrures qui sont vendues sous le nom de *Petit-Gris* lorsqu'elles ne sont constituées que par le pelage du dos de l'animal, et sous celui de *Vair* lorsqu'elles comprennent la totalité de la peau, servent à fabriquer des manchons, des bordures et des doublures de manteaux, des boas, etc.

Hamster. — La fourrure des Hamsters est douce au toucher, elle est formée d'un duvet court et mou de couleur brun jaune clair, mêlé de longues soies raides à pointe noire. Certains Hamsters sont noirs. Le pelage de ces Rats sert à doubler les vêtements. Dans le commerce, on confond, sous le nom d'Hamsters, les Hamsters, les Loirs et les Taupes.

Lièvre. — Le pelage du Lièvre (fig. 20) est généralement roussâtre sur le dessus et sur les côtés du corps ; la teinte rousse n'est pas uniforme, mais mêlée de blanc et de noir. Le dessus de la tête est roux mêlé de fauve et de noir; de chaque côté de la face une bande blanchâtre part de la moustache, entoure l'œil et se termine à l'oreille. Le reste du corps présente un mélange de teintes fauves, roussâtres, blanches et noires.

Cette coloration de la fourrure varie d'ailleurs suivant les individus, mais surtout suivant les régions habitées par les animaux. Il est ainsi très facile de distinguer par la couleur du pelage les Lièvres de montagne, les Lièvres de plaine, ceux qui vivent dans les vignes des terrains secs, ceux qui vivent dans les régions humides. La

Fig. 20. — Lièvre.

coloration du pelage varie aussi avec la saison ; elle change peu chez les Lièvres de plaine, mais passe du roux au blanc dans les montagnes. La peau du Lièvre est peu estimée comme fourrure ; elle est au contraire très employée en chapellerie. Le poil de Lièvre compte en effet parmi les matières premières utilisées dans la fabrication des chapeaux de feutre.

Lapin. — Le Lapin de garenne a un pelage d'un gris cendré mêlé de teintes fauves ; des poils noirs sont dispersés de place en place. Le dos est de couleur plus foncée, d'un gris noir ; les flancs sont plus clairs, et le ventre est blanc.

Les Lapins domestiques sont de teintes très variées : les uns sont roux, d'autres sont jaunes, il en existe de gris, de noirs, de blancs, certains sont tachetés. Leur taille est généralement plus grande que celle des Lapins de garenne.

La peau du Lapin sauvage et celle du Lapin domestique ont une faible valeur comme fourrure ; elles sont utilisées pour fabriquer des objets d'un prix peu élevé ; on les emploie aussi pour imiter des fourrures très estimées. Le commerce des peaux de Lapins est extrêmement actif, mais la plus grande partie de ces peaux sont destinées, non à l'industrie de la pelleterie, mais à celle de la chapellerie. Le duvet du Lapin de garenne et du Lapin domestique sont en effet utilisés, comme celui du Lièvre, à la fabrication du feutre employé en chapellerie.

Castor. — Le Castor (fig. 21) n'existe plus en France que dans le Bas-Rhône. Il est très probable que ces rongeurs ne tarderont pas à disparaître complètement de notre territoire, car ils sont devenus dangereux pour la sécurité publique, et on leur fait une chasse très active. En effet, les Castors de la Camargue ne bâtissent plus, mais se creusent des terriers dans les digues ; les vastes chambres ainsi creusées dans les chaussées en terre du Bas-Rhône affaiblissent ces chaussées, et pourraient constituer un réel danger au moment où les eaux sont très hautes.

Le pelage du Castor est de couleur très variable ; certains individus sont blancs, d'autres sont noirs, mais la plupart sont d'un roux marron ; le dessus du corps est de teinte plus foncée que le dessous.

Les fourrures de Castor se classent en trois sortes commerciales :

Le *Castor neuf*, constitué par la fourrure des animaux tués en hiver, avant l'époque de la mue ;

Le *Castor sec*, constitué par la fourrure des animaux tués en été ;

Fig. 21. — Castor.

Le *Castor gras*, comprenant les pelages de qualité inférieure.

On donne le nom de *Castor argenté* ou de *Castor blanc* à la fourrure provenant seulement de la région ventrale du rongeur. Le Castor neuf est le plus estimé en pelleterie. Le Castor sec n'est guère employé que pour doubler les vêtements ou pour la fabrication des chapeaux de feutre. Le Castor gras est utilisé uniquement par l'industrie de la chapellerie.

Cerf; Daim. — Le Cerf (voyez plus loin fig. 27) est gris brun en hiver, il est brun roux en été.

Le Daim (fig. 22) est d'un brun sale uniforme en hiver. En été, son pelage présente des taches blanches se détachant sur un fond fauve. Les peaux

Fig. 22. — Daim.

de ces deux espèces d'animaux sont surtout utilisées pour faire des tapis.

5. — Laines

Structure. — La laine est un poil de structure particulière. Son mode de développement et sa cons-

titution générale sont les mêmes que ceux des poils,
mais il existe entre ces deux productions épidermiques quelques caractères différentiels, dont les
principaux sont les suivants. La cuticule est beaucoup
plus fine dans la laine que dans le poil ; la moelle
de la laine est plus volumineuse que celle du poil.
Ces différences dans la structure entraînent des
différences dans les propriétés physiques des deux
productions dont nous nous occupons ; c'est ainsi que
la laine est plus douce, plus flexible, et se frise plus
facilement que le poil.

Suivant l'épaisseur de la couche cornée cuticulaire,
suivant aussi la structure des pores de la peau dans
lesquels la laine a commencé à se former, cette dernière se présente sous des aspects différents. Tantôt
les brins de laine sont contournés en tire-bouchon,
on dit alors que la laine est *vrillée* ; tantôt les
brins présentent seulement des ondulations plus ou
moins accusées, la laine est alors dite *ondulée* ; enfin
certaines laines sont formées de brins presque droits,
on les désigne sous le nom de laines *lisses* ou *plates*.
La longueur et l'épaisseur des laines sont des caractères importants au point de vue industriel.

Les laines courtes (fig. 24, A) sont appelées *laines
à carde*, tandis que les laines longues (fig. 24, B) sont
désignées sous le nom de *laines à peigne*. La grosseur
des laines permet de les diviser en : extra-fines,
fines, intermédiaires, communes, et grosses.

Les laines peuvent être de couleurs très différentes, variant entre le blanc, le jaune, le brun et
le noir. La laine blanche est la plus estimée, elle est
plus douce au toucher et plus flexible que les autres ;
elle peut, d'autre part, recevoir toutes les sortes de
teintures.

En France, les animaux producteurs de laine sont les Moutons et les Chèvres.

Mouton. — Les races de Moutons (fig. 23 et 25) sont extrêmement nombreuses en France. Il existait autrefois trois races assez bien caractérisées

Fig. 23. — Mouton landais.

et localisées dans des régions différentes ; mais les croisements fréquents qui ont été effectués en vue d'améliorer les races déjà existantes ont profondément modifié les types primitifs et ont abouti à la production d'une grande quantité de races secondaires.

Les trois races françaises qui ont donné naissance aux nombreux types actuels étaient : la race flamande, la race berrichonne, la race pyrénéenne.

Cette dernière est celle qui s'est le mieux maintenue ; les deux autres ont été modifiées complètement par les croisements et ont presque entièrement disparu. Les moutons flamands ont été croisés avec ceux de Leicester, tandis que la race de Southdown servait à croiser la race berrichonne ; mais c'est surtout la race Mérinos qui a donné les meilleurs résultats

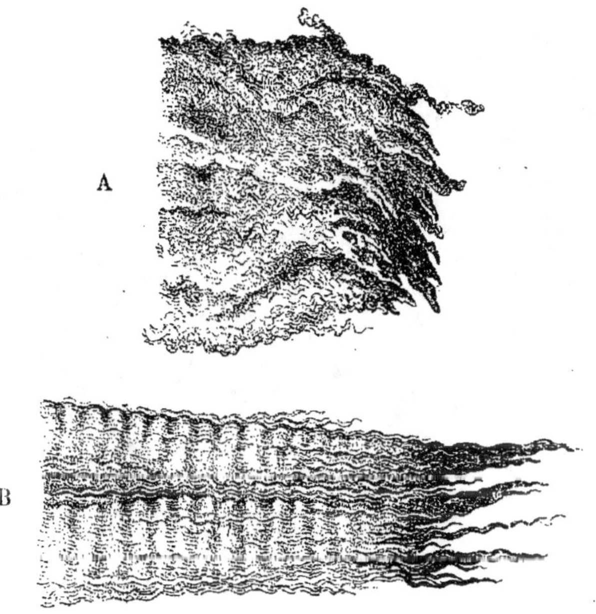

Fig. 24. — A, laine de mouton ordinaire ;
B, laine de Mouton Mérinos.

par son croisement avec les deux races françaises dont il vient d'être question.

C'est la race Mérinos qui a eu l'influence la plus grande et la plus heureuse sur la modification de nos races françaises. Sa laine épaisse, fine, douce au toucher, est formée de brins très fortement contournés en tire-bouchon. La race Mérinos pure existe en France où elle fut introduite par Colbert ; elle a été elle-même profondément modifiée par l'élevage qui a fait acquérir aux animaux des qualités manquant aux types primitifs, telles que la longueur de la laine et un tassement convenable. Ce type Mérinos modifié a produit, par croisement avec nos races françaises, des métis-Mérinos, fournissant à l'industrie une excel-

Fig. 25. — Bélier Mérinos.

lente laine, et à la boucherie une viande de bonne qualité.

Chèvre. — La Chèvre produit aussi une laine estimée. Les tissus fabriqués avec des poils de Chèvre, que l'on rencontre dans le commerce, ne proviennent pas de nos Chèvres indigènes mais de races particulières, telles que la Chèvre Angora ou la Chèvre de Cachemire. On a essayé d'acclimater en France et en Algérie la Chèvre Angora originaire de l'Asie ; les essais qui ont été tentés ont donné d'excellents résultats ; la Société d'Acclimatation de Paris put réunir un troupeau de quatre-vingt-dix têtes et répartit ces animaux chez des éleveurs du Dauphiné, de l'Auvergne, du Jura, des Vosges, de la Provence et de l'Algérie. On put constater les précieuses qualités des animaux appartenant à cette race : endurance, résistance aux froids de l'hiver et aux chaleurs de l'été ; la fourrure d'une certaine valeur, et la chair pouvant constituer une viande de boucherie, devaient encourager les éleveurs à s'intéresser à la Chèvre Angora. Cependant, en France, comme en Algérie, il ne reste presque aucun vestige des beaux résultats obtenus sur l'initiative de la Société d'Acclimatation. Par contre, l'élevage de la Chèvre Angora au Cap a fourni d'excellents résultats et les laines de Chèvre Angora provenant de cette région sont maintenant très abondantes sur les marchés européens. Cette laine se vend sous le nom de Mohair, elle est utilisée par les fabriques de Roubaix et d'Amiens pour faire le velours d'Utrecht. On l'emploie aussi pour imiter des fourrures de prix, pour faire les cheveux des poupées, etc.

Les peaux de Chèvre Angora servent à fabriquer de très chauds manteaux ; les plus belles sont employées pour faire des manchons. Les poils ordinaires servent à faire des feutres spéciaux pour les machines.

6. — Soies et crins.

Les soies et les crins sont des poils qui sont caractérisés par leur rigidité.

Usages. — Ils sont utilisés dans l'industrie pour la fabrication des brosses, des balais et des pinceaux.

Pour la fabrication des pinceaux communs, les

crins sont réunis en un faisceau au centre duquel
on introduit l'extrémité d'un manche en bois ; on
serre ensuite les poils autour du manche à l'aide d'un
fil de fer ou d'une corde ; on coupe les poils à l'extrémité du pinceau de manière que tous aient la même
longueur, et on recouvre la base du pinceau d'un
vernis chaud constitué par un mélange de cire et de
résine.

Dans la fabrication des brosses, on emploie des
lames de bois percées de trous ronds régulièrement
répartis en quinconce ; on donne à ces lames de
bois perforées le nom de *pattes*. Pour introduire
les crins dans les trous de la patte, on opère de la
manière suivante. On dispose une boucle sur une
ficelle, la boucle est introduite dans le premier trou
d'une rangée par la face opposée à celle qui doit être
garnie de crins, et de façon que l'extrémité de la
boucle vienne se montrer sur la face de la patte
qui doit porter les crins. On passe alors un faisceau
de crins dans la boucle qui émerge, de manière que
cette boucle entoure le faisceau en sa région médiane.
Il suffit alors de tirer la boucle du côté où elle a été
introduite pour obliger le faisceau de poils à se plier
en deux et à pénétrer dans le trou.

La même opération est répétée pour chacun des
trous qui garnissent la patte et cette dernière se
trouve ainsi pourvue de crins sur toute sa surface.
La face de la patte opposée à celle qui est pourvue
de crin est alors enduite d'une couche de goudron
ou de colle forte de manière à maintenir en place
la ficelle et les faisceaux de poils ; le plus souvent
cette face est recouverte d'une lame de placage.

Le tour de main que nous venons d'indiquer n'est
pas le seul qui soit employé dans la fabrication des

brosses. Certaines brosses sont faites avec des pattes dans lesquelles on a pratiqué, non pas des trous ronds, mais des rainures de formes diverses dans lesquelles les crins sont ensuite fixés.

Dans les brosses dont les pattes sont en os ou en

Fig. 26. — Sanglier.

ivoire, les faisceaux de crins sont fixés à l'aide d'un fil de laiton et non par une ficelle.

Les pinceaux fins sont fabriqués, non avec des crins, mais, comme nous l'avons vu plus haut, avec des poils fins provenant des queues de Martes, d'Écureuils ou de Blaireaux.

Les crins qui servent à faire les pinceaux communs proviennent de queues de Chevaux, de Bœufs ou de Vaches (fig. 6, V). Certains pinceaux sont aussi fabriqués avec des soies de Porc.

Les grosses brosses et les balais sont confectionnés avec les soies du Sanglier (fig. 26), tandis que les brosses fines, telles que les brosses à ongles, les brosses à dents, sont faites avec les soies du Porc.

En dehors des brosses et des pinceaux, les crins trouvent encore un emploi dans la fabrication des archets, des cribles, des tamis, de plusieurs articles de pêche, etc. On les utilise aussi pour faire certains tissus grossiers. Enfin les tapissiers, les matelassiers, les carrossiers, les emploient pour des usages divers.

7. — **Cuirs**.

On donne le nom de *cuirs* à des peaux d'animaux ayant subi un traitement particulier qui les a transformées en une substance imputrescible, dure, plus ou moins souple.

Usages. — L'industrie du cuir utilise surtout les parties de pelages provenant du dos, des flancs et du ventre des animaux ; les autres parties sont moins estimées et certaines même ne sont pas employées ; on les réserve pour la fabrication de la colle.

Les peaux destinées à la fabrication du cuir peuvent être préparées de manières différentes. Tantôt on les sèche à l'air en tournant le côté du poil vers le soleil, on a alors les *cuirs secs ;* ces peaux ainsi séchées sont envoyées au tanneur après avoir été saupoudrées d'une substance toxique destinée à éloigner les insectes ; tantôt elles sont salées par immersion dans la saumure, puis séchées ; on leur donne alors le nom de *cuirs salés secs ;* enfin les cuirs les plus estimés sont les *cuirs salés verts* obtenus en empilant les peaux les unes sur les autres et interposant entre chacune d'elles une couche d'un mélange de sel marin, de salpêtre, d'alun et d'arsenic ; ces peaux sont retournées de temps en temps, puis saupoudrées de sel, pliées et expédiées.

L'opération du tannage consiste à rendre les peaux imputrescibles en combinant la matière animale qui les constitue avec du tannin.

On donne aux peaux tannées, ou cuirs, la souplesse et l'imperméabilité en les comprimant par le battage et le cylindrage, et souvent en les imprégnant en même temps de matières grasses. Cette opération porte le nom de *corroyage*.

Les peaux employées à la fabrication des cuirs sont celles de Vaches, de Veaux, de Chevaux, de Moutons, de Chèvres, de Daims, de Porcs, de Chiens, qui fournissent des cuirs mous, tandis que les peaux de Bœufs fournissent des cuirs forts et durs.

Les cuirs constituent une matière première d'une importance considérable pour l'industrie ; ils sont utilisés dans la cordonnerie, la chapellerie, la ganterie, la sellerie, la carrosserie, la tapisserie, la bimbeloterie, la gainerie, la maroquinerie, la tabletterie, la reliure, etc.

8. — Cheveux.

Les cheveux humains sont employés à la fabrication des postiches, perruques, etc. ; ils font l'objet d'un commerce extrêmement actif.

Les cheveux diffèrent entre eux, suivant leur provenance, par un grand nombre de caractères.

Leur coupe peut être cylindrique, elliptique ou polygonale ; leur grosseur varie suivant les individus desquels ils proviennent, mais aussi suivant le nombre de fois qu'ils ont été coupés. Leur structure peut également être différente ; certains sont droits, d'autres sont laineux, et il existe entre ces deux extrêmes de nombreux intermédiaires. Enfin, la couleur est extrêmement variable ; elle passe du blanc au noir, par le blond, le roux, le châtain et le brun. Les cheveux clairs proviennent d'Allemagne, de Suède et d'Autriche ; les cheveux foncés viennent de France, d'Italie et de Chine.

Les cheveux d'Auvergne, de Bretagne, d'Autriche, sont les plus fins et par conséquent les plus estimés.

Les chevelures entières sont rares et l'industrie des cheveux est surtout alimentée par les cheveux de démêloirs qui sont jetés au hasard et soigneusement récoltés par les chiffonniers.

9. — **Cornes**.

Les cornes, les ongles, les sabots, et les griffes, sont des productions épidermiques au même titre que les poils.

Structure. — Les cornes sont constituées par des cellules très allongées, formant des sortes de fibres entièrement desséchées ; leur aspect est donc fibreux et parfois strié. Les cornes sont souvent colorées par des pigments présentant des teintes diverses.

On peut diviser les cornes en deux groupes suivant qu'elles sont creuses et persistent jusqu'à la mort, ou pleines et alors caduques. On trouve un exemple du premier type chez le Bœuf, le Mouton, la Chèvre, l'Antilope, et un exemple du second type chez le Cerf (fig. 27), le Daim (fig. 22), le Chevreuil (fig. 28), etc. Les cornes creuses sont les *cornes proprement dites* et l'on donne le nom de *bois* aux cornes pleines.

Au point de vue de la consistance, les cornes d'origines diverses présentent entre elles des différences notables : elles sont fibreuses ou lamelleuses, molles ou dures, flexibles ou cassantes.

Usages. — Pour être employée à la fabrication des divers objets auxquels on la destine, la corne doit

Fig. 27. — Cerf.

subir un traitement spécial. On la fait tout d'abord macérer dans l'eau pendant une quinzaine de jours dans le but de la débarrasser de la partie osseuse, qui, après cette immersion, se détache facilement par le choc. Puis on débite la corne ainsi traitée en morceaux plus ou moins volumineux que l'on soumet à l'action de la chaleur. La chaleur a pour effet de ramollir la matière cornée, de sorte qu'après un tel traitement il suffit de soumettre la substance à la

presse pour la transformer en lames planes ayant
l'épaisseur que l'on désire.

Enfin pour donner à la corne la forme que l'on
veut, pour la travailler, on la traite préalablement
par l'eau bouillante ; elle se ramollit alors et acquiert

Fig. 28. — Chevreuil.

la propriété de se souder à elle-même et de se laisser
modeler facilement.

On donne à la corne des colorations diverses en
l'additionnant de certaines substances. L'azotate
d'argent sert à obtenir des teintes noires : l'azotate
de mercure colore en brun rouge ; le jaune orangé
est obtenu à l'aide d'une solution d'or dans l'eau
régale. Pour donner à la corne une teinte jaune mat,
on la place dans une solution d'azotate ou d'acétate
de plomb où on la maintient jusqu'à ce qu'elle soit

bien imbibée ; on la retire de cette solution et on la
plonge dans une solution de chromate de potasse :
le chromate de potasse réagit sur le sel de plomb
en formant un précipité jaune de chromate de plomb

Fig. 29. — Chamois.

qui se dépose en tous les points touchés par la liqueur
plombique.

Si on opère de la même manière, mais en rem-
plaçant la dissolution de chromate de potasse par une
solution d'acide chlorhydrique, il se forme un précipité blanc de chlorure de plomb qui communique
à la corne une teinte blanche laiteuse et même un

aspect nacré lorsque l'opération a été bien faite.

Les animaux de France qui fournissent la corne sont : les Bœufs, les Vaches, les Moutons, les Chèvres,

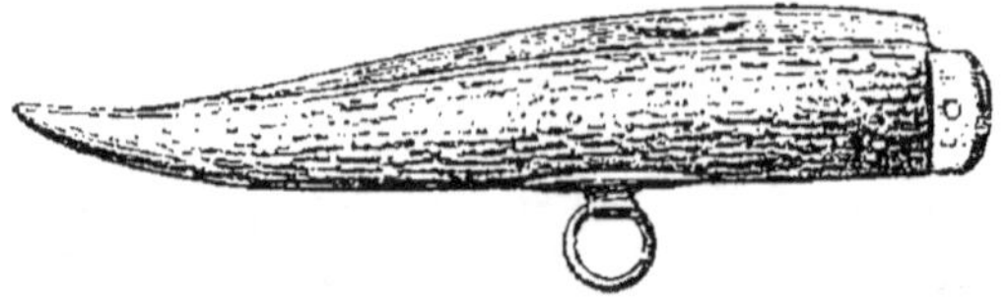

Fig. 30. — Couteau dont le manche est fait de corne de Cerf.

les Antilopes, les Daims, les Chevreuils, les Bouquetins, les Chamois (fig. 29), les Isards, les Cerfs.

Les cornes sont employées de manières très di-

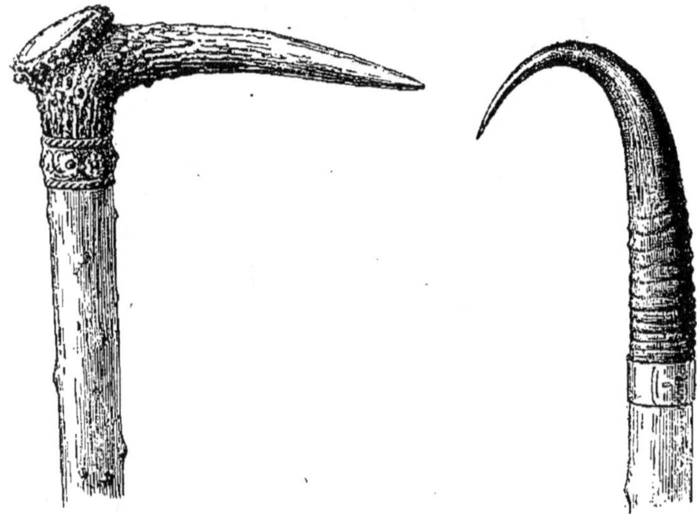

Fig. 31. — Manche de canne en corne de Cerf.

Fig. 32. — Manche d'alpenstock constitué par une corne de Chamois.

verses. Certaines, celles d'Antilope, de Bouquetin, de Chamois, d'Isard, les bois de Cerfs, sont employées comme motifs décoratifs. On les prépare soit isolées de la tête, soit encore adhérentes à la tête. Mais c'est surtout par l'industrie de la tabletterie que les cornes sont utilisées. Elles servent à fabriquer un très grand nombre d'objets, tels que manches de couteaux (fig. 30), manches de cannes (fig. 31 et 32),

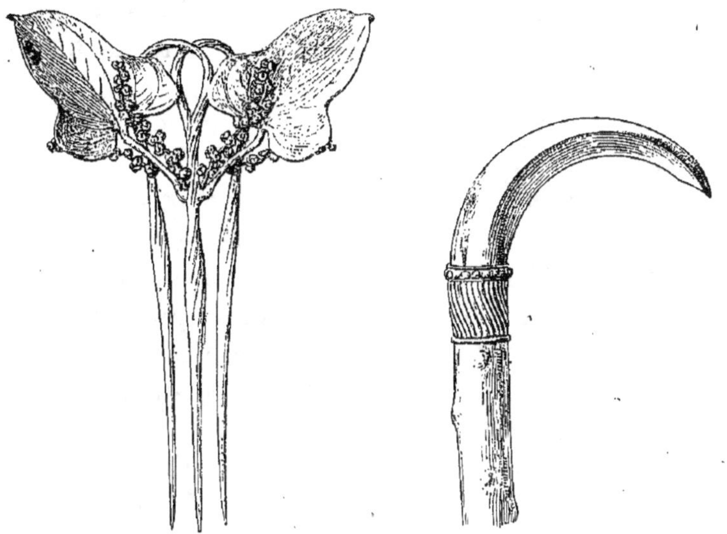

Fig. 33. — Peigne en corne de bœuf.

Fig. 34. — Manche de canne constitué par une défense de Sanglier.

tuyaux de pipes, peignes (fig. 33), tabatières, boutons, porte-manteaux, etc.

Enfin les débris de cornes, aussi bien d'ailleurs que ceux qui proviennent du travail des peaux et des poils, sont employés, grâce à leur richesse en sels minéraux et en substance azotée pour la préparation des engrais.

Les défenses du Sanglier servent parfois comme les cornes, à fabriquer divers petits objets ; la figure 34 représente un manche de canne constitué par l'une de ces défenses.

10. — **Fanons**.

Les fanons sont les lames minces, cornées et élastiques, qui sont insérées sur les deux côtés de la mâchoire supérieure de la Baleine. Ces lames ont une longueur moyenne de 3 mètres ; leur largeur est de 0^m,25 à 0^m,30 à la base, leur épaisseur de 0^m,015 à 0^m,018.

Les fanons portent, dans le commerce, le nom de *baleines*.

La substance qui constitue les fanons a la propriété de se ramollir quand on la chauffe ; elle peut alors servir à fabriquer, comme la corne, divers menus objets : tabatières, manches de cannes ou de parapluies, etc. Elle est susceptible d'acquérir un beau poli lorsqu'on la frotte avec du feutre imprégné de pierre ponce en poudre fine.

Enfin, les fanons divisés longitudinalement en baguettes sont employés dans la fabrication des ombrelles et des parapluies, des corsets, des chapeaux de femme, etc.

11. — **Os**.

Structure. — Les os, dont l'ensemble constitue le squelette des Vertébrés, sont formés de trois parties : une membrane externe qui joue un rôle important dans l'accroissement de l'os et à laquelle on donne le nom de *périoste* ; une substance dure qui constitue la plus grande masse de l'os, c'est l'*os proprement dit* ; enfin une région centrale formée par une cavité remplie d'un tissu très mou, la *moelle*.

L'os proprement dit est constitué par une matière organique, l'osséine, imprégnée de matières miné-

rales diverses. Lorsque les animaux sont très jeunes,
les différentes parties de leur squelette sont presque
uniquement constituées par cette osséine ; à ce
moment le squelette n'est encore que *cartilagineux*.
Mais à mesure que les animaux se développent
l'osséine s'imprègne peu à peu de substances miné-

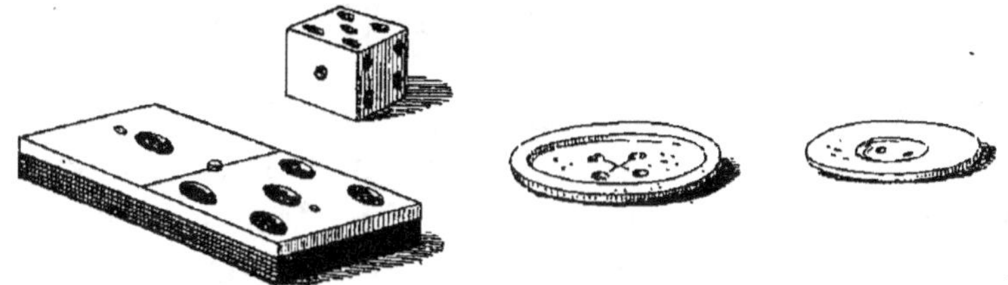

Fig. 35. — Domino et dé en os.   Fig. 36. — Boutons en os,

rales, les différentes parties du squelette durcissent
progressivement : le *cartilage* devient *os* ; le squelette
cartilagineux se transforme en squelette osseux

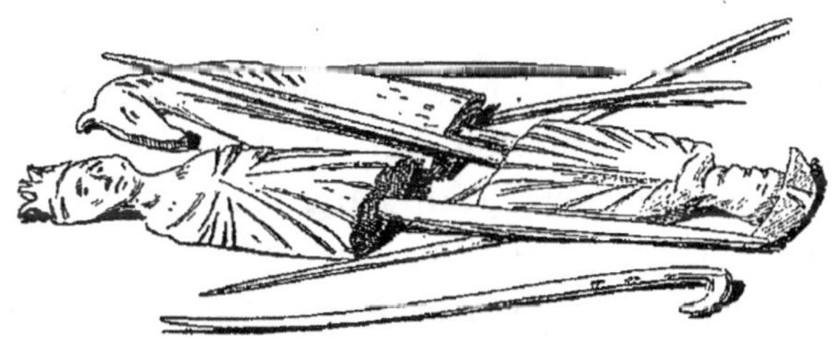

Fig. 37. — Jeu de jonchets en os.

Les matières minérales qui se fixent sur le cartilage pour le transformer en os sont des phosphates,
carbonate et fluorure de calcium, du phosphate
de magnésie, de la soude et du chlorure de sodium.
Mais parmi ces composés, ce sont les phosphates de
calcium qui constituent la majeure partie de la substance minérale totale.

En se basant sur leur forme on peut diviser les os du squelette en trois groupes : les os longs, les os courts et les os plats.

Tandis que les extrémités des os longs sont formées par un tissu osseux très poreux, recouvert d'une lame mince de tissu compact, la région médiane est presque entièrement constituée par un tissu compact.

Usages. — C'est la partie périphérique de cette dernière région qui est utilisée en tabletterie pour confectionner un très grand nombre de petits objets tels que ceux qui sont figurés ci-contre (fig. 35 à 38).

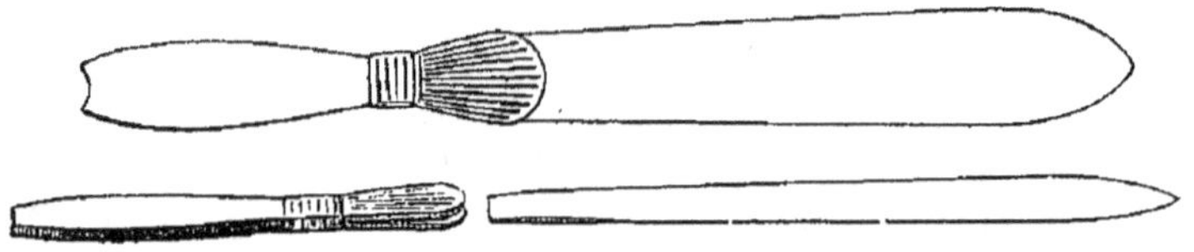

Fig. 38. — Couteaux à papier en os.

L'os destiné à la fabrication des ouvrages de tabletterie doit être blanchi. Il existe plusieurs procédés qui permettent d'obtenir ce résultat ; l'un d'eux consiste à laisser l'os en contact avec de l'essence de térébenthine pendant 3 ou 4 jours. L'essence est placée dans un récipient en verre, on dispose les fragments d'os dans le liquide de manière à ce que toutes leurs parties soient en contact avec l'essence ; il est donc nécessaire qu'ils ne touchent les parois du vase par aucun point de leur surface.

Après une exposition au soleil pendant trois ou quatre jours, les os sont blanchis.

Les os sont aussi employés pour fabriquer la gélatine, la colle forte, le suif d'os, etc. Nous reviendrons plus loin sur ces dernières applications.

Le noir animal ou charbon d'os est le résultat de la calcination des os *en vase clos*, c'est-à-dire à l'abri de l'air. Calcinés au contraire au contact de l'air, les os se transforment en une substance blanche et friable, la cendre d'os, qui représente l'ensemble des substances minérales dont nous avons parlé tout à l'heure. Cette cendre d'os, grâce à sa teneur élevée en phosphate de chaux et de magnésie, est utilisée pour l'extraction du phosphore. On l'emploie aussi pour fabriquer un verre opaque. Enfin elle entre dans la confection de certaines poudres dentifrices.

12. — **Viandes**.

Les viandes sont essentiellement constituées par les muscles des animaux.

Structure. — Les muscles sont des organes caractérisés par leur élasticité et leur contractilité. Il en existe deux sortes : les muscles lisses et les muscles striés. Les premiers sont formés par la réunion de fibres constituées chacune par une cellule fusiforme possédant un noyau allongé et un protoplasma granuleux. Les seconds sont formés de fibres très longues, terminées en pointe aux deux extrémités, constituées chacune par plusieurs éléments cellulaires, et entourées par une enveloppe, le *sarcolemme*. Ces fibres du muscle strié présentent une striation longitudinale, résultant de la division de la fibre en fibrilles, et une striation transversale, due à la succession, dans la fibre, de parties alternativement claires et obscures.

Ces fibres, qu'elles soient lisses ou striées, sont réunies en paquets qui s'insèrent sur les os par l'intermédiaire de fibres blanches et résistantes, qui sont ou bien réunies en faisceaux formant ce que l'on appelle des *tendons*, ou bien étalées en membranes appelées *aponévroses*.

Le muscle renferme 75 p. 100 d'eau ; environ 1 à 1/2 p. 100 de sels divers résultant de la combinaison de la potasse, de la soude, de la chaux, de la magnésie, du fer, avec les acides phosphorique, chlorhydrique, sulfurique.

Si on met l'eau à part dans la composition du muscle, cet organe est surtout constitué par des substances albuminoïdes. Les albuminoïdes entrent, en effet, dans la proportion de 21 p. 100 dans la composition du muscle. Parmi ces substances, les unes sont dissoutes dans le plasma musculaire, ce sont : la *myosine* ou *paramyosinogène* et le *myogène* ou *myosinogène* ; ces substances se transforment après la mort en composés albuminoïdes insolubles et produisent la rigidité cadavérique. A côté de ces substances solubles se trouvent des substances insolubles, parmi lesquelles il faut citer l'*élastine* du sarcolemme.

On trouve encore, dans la matière musculaire, des ferments : pepsine, diastase, etc. ; des pigments : l'hématine et surtout le myochrome, substance voisine de l'hémoglobine du sang, et qui donne au muscle sa coloration rouge.

Enfin deux à trois centièmes de la masse musculaire sont représentés par des substances azotées très diverses : créatine, créatinine, xanthine, hypoxanthine, carnine, carnosine, guanine, acide urique, urée, taurine, acide phospho-carnique, acide inosique ; et par des substances non azotées : graisses, glycogène, inosite, glucose, alcool, cholestérine, acide sarcolactique.

Les muscles renferment aussi des corps gras. La graisse se dépose de manières assez diverses dans les muscles ; il en résulte les aspects différents des viandes, qui sont d'autant plus appréciées que la graisse est plus uniformément répartie. Lorsque l'on coupe un muscle provenant d'un animal maigre, on constate que la section est rouge en toutes ses parties. La section d'un muscle provenant d'un animal gras est au contraire marbrée de blanc, et, suivant l'aspect de la marbrure, on divise les viandes en trois sortes : celles dont la marbrure est *trop large*, la graisse n'y est répartie qu'autour des gros faisceaux musculaires ; celles dont la marbrure est *belle*, la graisse a pénétré plus intimement les masses musculaires et forme sur la section de fines lignes blanches ; celles dont la marbrure est *parfaite*, la graisse est répartie plus uniformément encore dans le muscle et la section est criblée de petites taches blanches.

Les qualités alimentaires des viandes varient avec l'espèce à laquelle appartient l'animal d'où elles proviennent, avec l'âge de ce dernier, avec son état de santé, avec la région de l'animal d'où la viande a été extraite, avec la manière dont l'animal a été tué, avec le temps qui s'est écoulé entre la mort de l'animal et la consommation de la viande, enfin avec la manière dont cette viande a été conservée et préparée.

Les viandes d'animaux jeunes sont faciles à digérer mais peu nutritives. Celles d'animaux âgés sont difficiles à digérer, mais ont un très grand pouvoir nutritif.

Les muscles sont d'une digestibilité plus grande que les glandes et que le cerveau.

Les animaux abattus donnent une viande meilleure que ceux qui sont saignés.

Les meilleurs modes de préparation des viandes sont le grillage et le rôtissage.

Gibier. — Indépendamment des animaux qui fournissent la viande de boucherie, certains Mammifères sauvages donnent une viande très appréciée. Ces animaux, que l'homme se procure par la chasse, constituent le gibier. Tels sont : le Cerf, le Daim, le Chevreuil, le Sanglier, le Chamois, l'Isard, le Bouquetin, le Lièvre, le Lapin, etc.

Nous allons passer en revue les différents animaux qui fournissent les viandes de boucherie, en indiquant, pour chacun d'eux à quelles régions du corps correspondent les divers morceaux débités dans les boucheries

Fig. 39. — Taureau de race flamande.

Bœuf. — La meilleure viande de Bœuf est fournie par les animaux âgés de sept à neuf ans qui ont

d'abord été utilisés comme bêtes de trait et engraissés
ensuite.

Fig. 40. — Taureau de race hongroise.

Toutes les races de bœufs ne donnent pas également

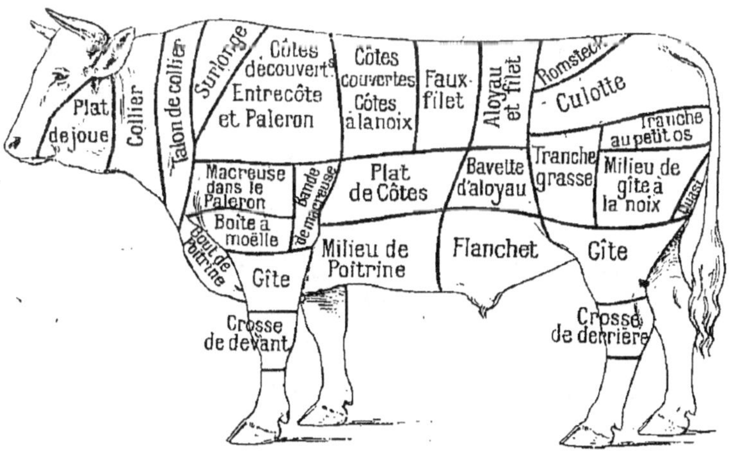

Fig. 41. — Bœuf, division de l'animal et termes usités
en boucherie.

ment de bonnes viandes de boucherie. La race normande, par exemple, réservée pour la production du lait, ne fournit qu'une viande inférieure, tandis qu'au contraire, les races de Hereford, de Durham, de Devon, d'Angers, de West-Highland, la race charolaise, la race flamande (fig. 39), et la race hongroise (fig. 40), donnent d'excellentes viandes de boucherie.

La figure 41 rend compte de la méthode adoptée

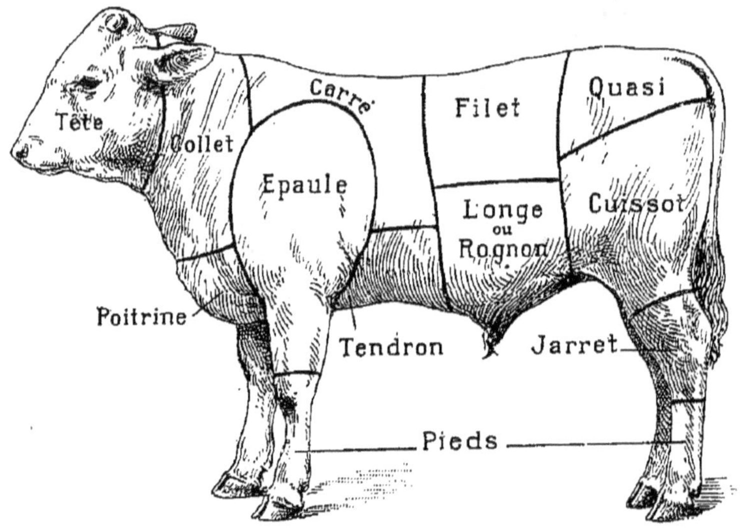

Fig. 42. — Veau, division de l'animal et termes usités en boucherie.

pour débiter le Bœuf ; cette méthode diffère un peu suivant les localités ; la figure indique celle qui est adoptée par les bouchers de Paris.

Les différents morceaux du Bœuf se classent en trois catégories. La première comprend : la tranche grasse, la culotte, le gîte à la noix, l'aloyau, le filet ; la deuxième comprend : les côtes avec les parties contiguës des flancs, et la région de l'épaule ; la troisième comprend le reste du corps : plat de côtes, collier, membres, joues, surlonge, queue, partie inférieure du ventre.

Veau. — Le Veau est débité d'une manière analogue à celle qui est adoptée pour le Bœuf, mais l'animal est divisé en un moins grand nombre de parties. La figure 42 représente cette division.

Fig. 43. — Bélier Southdown.

Mouton. — Le Mouton se débite en sept morceaux seulement : le gigot, le filet, la région comprenant les côtelettes couvertes, celle qui comprend les côtelettes découvertes, l'épaule, la poitrine et le collet.

Les races ovines peuvent être divisées en races à courte laine, et races à laine longue. Les plus importantes pour la boucherie sont : parmi les premières, la race Southdown (fig. 43), et parmi les secondes, les races de New-Kent, de Dishley, de Cotteswold, flamande, bretonne et touareg.

Porc. — La viande du Porc a une grande valeur nutritive, mais la forte proportion de graisse qu'elle renferme rend sa digestion difficile.

Cette viande, ainsi que celle du Sanglier, sert à la fabrication des différentes préparations de charcuterie.

On vend, sous le nom de Cochons de lait, des porcs âgés de trois semaines environ. La viande de ces jeunes animaux est difficile à digérer à cause de la forte proportion de gélatine qu'elle renferme.

Cheval. — Parmi les viandes de boucherie, celle du Cheval tient le premier rang au point de vue de la valeur nutritive. Pendant très longtemps cette viande a joui d'une faible estime dans le public ; mais depuis 1841, son usage s'est répandu peu à peu dans presque toutes les contrées de l'Europe. C'est en 1860 qu'eut lieu à Paris le premier abattage de Chevaux. Depuis cette époque la consommation de la viande de Cheval a progressivement et rapidement augmenté ; actuellement il existe dans tous les quartiers de Paris, et en province dans la plupart des villes, des boucheries spécialisées dans le débit de cette viande.

Les Chevaux qui sont destinés à la boucherie peuvent être utilisés dans leur jeune âge comme producteurs de force, puis ensuite engraissés et livrés à la consommation.

Parmi les Mammifères qui sont utilisés par l'homme dans son alimentation, il faut encore citer : l'Ane et le Mulet, dont la viande est employée pour la fabrication du saucisson.

Altérations des viandes. — Les altérations des

viandes sont dues : soit à une mauvaise conservation, soit à ce que les animaux dont elles proviennent étaient malades ou ne présentaient pas les qualités qui doivent être exigées chez les animaux de boucherie.

Les viandes altérées peuvent se diviser en six classes :

1º Les viandes maigres ;

2º Les viandes gélatineuses, qui proviennent d'animaux trop jeunes ;

3º Les viandes dites *saigneuses*, provenant d'animaux tués dans de mauvaises conditions.

4º Les viandes d'animaux présentant des maladies d'ordres divers (affections inflammatoires, spécifiques, infectieuses, parasitaires).

5º Les viandes altérées par suite d'une conservation défectueuse.

6º Celles qui contiennent des substances médicamenteuses ou toxiques.

Toutes ces viandes doivent être rejetées de l'alimentation.

Conservation des viandes. — Il existe un grand nombre de méthodes permettant de conserver les viandes. Les viandes cuites s'altèrent moins rapidement que les viandes crues, cependant la *cuisson* ne peut pas être comptée parmi les moyens de conservation, car la durée de conservation des viandes cuites est trop courte.

La *dessiccation* peut être employée pour préserver la viande contre l'altération, dans les pays secs et chauds.

La *mise à l'abri du contact de l'air* est l'un des procédés les plus facilement applicables à la conservation des viandes. Il est également employé pour préparer les conserves d'un grand nombre d'autres matières alimentaires. En principe, les substances destinées à être conservées sont enfermées dans des récipients hermétiquement clos, et portées à une température suffisante pour détruire tous les germes qui peuvent être contenus dans la substance à conserver et dans le récipient.

Les détails pratiques de cette méthode de conservation varient avec la nature de la substance à laquelle on s'adresse, ainsi qu'avec la manière dont la conserve doit être consommée.

Le *froid* compte également parmi les agents importants de conservation.

Citons encore parmi les moyens auxquels on fait appel pour conserver les viandes, l'emploi du vinaigre, du sel marin, du borax, l'exposition à la fumée de bois, etc.

13. — Substances médicinales fournies par les Mammifères.

Le groupe des Mammifères renferme un certain nombre d'animaux utilisés par la médecine à des titres divers.

Parmi ces animaux, citons les principaux : le Castor, la Vache, le Cerf, le Cachalot, le Cheval, l'Ane, le Mouton, le Chien.

Castor. — Le Castor présente, au-dessus et en arrière du corps, deux glandes piriformes, ayant environ 10 centimètres de long sur 6 centimètres de large, qui sont connues en téhrapeutique sous le nom de *castoréum*. Ces glandes, séchées, renferment 10 p. 100

d'une substance résineuse, 2 p. 100 d'huile volatile et de *castorine*, matière grasse cristallisable, des substances albuminoïdes, des phosphates, benzoate et carbonate de chaux, de l'acide phénique, de la salicine et de l'acide salicylique. Le castoréum est employé en médecine sous forme de teinture alcoolique, comme stimulant et antispasmodique dans les affections nerveuses.

Vache. — Le lait de vache rend de grands services dans l'alimentation des malades et des convalescents ; mais il est également utilisé pour préparer des boissons fermentées, telles que le képhyr et le koumis dont nous avons déjà parlé, et qui sont employées en médecine dans le traitement de diverses maladies. Enfin c'est au lait de vache que l'on s'adresse pour préparer deux substances médicinales, le *petit-lait* et le *sucre de lait*.

Lorsque nous nous sommes occupés du lait, nous avons vu ce qu'était le petit-lait ; nous ne reviendrons donc pas sur la préparation et la constitution de ce produit ; nous dirons seulement qu'il entre dans la composition de différentes préparations médicamenteuses et qu'il sert à l'extraction du sucre de lait.

Pour préparer le sucre de lait ou lactose, on concentre le petit-lait par évaporation jusqu'à ce que ce liquide ait une consistance sirupeuse ; on suspend alors dans ce sirop des fétus de paille ou des morceaux de ficelle sur lesquels les cristaux de lactose viennent s'accumuler. Ce sucre existe dans tous les laits, mais on ne l'extrait que du lait de vache qui en contient environ 53 p. 1.000.

Le sucre de lait est employé comme excipient pour préparer les pilules et les granules ; on l'utilise aussi en grande quantité dans l'alimentation des jeunes enfants.

Cerf. — On employait autrefois en médecine la corne du Cerf commun. Cette substance, que l'on râpait, était utilisée pour préparer des gelées médicamenteuses, grâce à la forte proportion d'osséine qu'elle renferme. Sa teneur élevée en phosphate de chaux (50 p. 100) la faisait usiter souvent dans les cas où ce sel pouvait rendre des services.

Cachalot. — Le Cachalot fournit à la thérapeutique une matière grasse connue sous le nom de *blanc de Baleine* ou *spermaceti*. Cette substance provient d'une transformation particulière de la narine droite de l'animal ; elle est logée dans une cavité qui se trouve placée dans la partie supérieure de la face. Le blanc de baleine est constitué en majeure partie par du palmitate de cétyle, il renferme aussi d'autres corps gras résultant de la combinaison des acides stéarique, myristique et laurique avec divers alcools.

En pharmacie, le blanc de baleine est employé pour préparer des pommades et différents onguents. Dans l'industrie, on l'utilise pour la fabrication des bougies de luxe.

Sérothérapie. — Nous avons indiqué, dans les premières pages de ce livre, ce qu'était la sérothérapie et comment différents animaux, parmi lesquels il faut citer le Cheval, l'Ane, le Mouton, la Vache et le Chien, rendent des services de premier ordre dans la préparation de ces médicaments qui comptent parmi les armes les plus puissantes de la thérapeutique moderne, et qu'on appelle les *sérums*. Nous ne reviendrons pas sur cette question, et nous nous contenterons de rappeler, parmi ces médicaments, ceux qui rendent actuellement les plus grands services : ce sont : le sérum antidiphtérique ; le sérum antitétanique ; le sérum antipesteux ; le sérum antityphique, etc.

III

OISEAUX

Caractères généraux. — Les Oiseaux sont des animaux *ovipares ;* leurs petits sortent d'un *œuf* avec une organisation analogue à celle d'un animal adulte.

Le corps des Oiseaux a une température constante ; il est recouvert de *plumes*.

La plupart de ces animaux sont adaptés à la vie aérienne.

Comme les Mammifères, les Oiseaux ont un cœur à quatre cavités : deux oreillettes et deux ventricules ; mais tandis que la crosse formée par l'artère aorte se dirige vers la gauche chez les Mammifères, elle se dirige vers la droite chez les Oiseaux.

Les organes respiratoires sont formés par une trachée se divisant à sa base en deux bronches : chacune de ces dernières se ramifie à son tour un grand nombre de fois, l'ensemble de toutes les ramifications d'une bronche constituant un poumon. Il existe donc, chez les Oiseaux, deux poumons comme chez les Mammifères ; mais, chez les Oiseaux, certaines ramifications des bronches traversent les poumons sans s'y diviser ; elles se dilatent considérablement et se prolongent en d'énormes *sacs aériens*.

La grande longueur de la trachée, l'existence de deux larynx dont l'un est inactif et l'autre, appelé *syrinx*, représente l'organe musical, mais surtout la présence de neuf sacs aériens, sont les particularités caractéristiques de l'appareil respiratoire des Oiseaux.

Les Oiseaux actuels n'ont pas de dents ; leurs mâchoires portent des lames cornées et dures qui forment le *bec*.

Applications des Oiseaux. — Nous avons indiqué, comme premier caractère distinctif du groupe des Oiseaux, le fait que ces animaux sont ovipares. L'homme a utilisé ce premier caractère ; nous savons en effet que les œufs jouent, dans notre alimentation, un rôle extrêmement important.

Les plumes qui couvrent le corps des oiseaux alimentent toute une branche importante de l'industrie de la pelleterie.

La chair des oiseaux est recherchée par l'homme pour son alimentation. Elle peut provenir d'oiseaux sauvages, et c'est alors par la chasse que l'homme peut arriver à se la procurer; ou bien elle vient d'animaux domestiques, et dans ce cas nous avons affaire à une industrie importante, l'élevage.

Enfin, les excréments de certains oiseaux sont employés en agriculture, et constituent d'excellents engrais.

Nous allons passer en revue ces différentes applications des Oiseaux, comme nous l'avons fait pour les Mammifères.

1. — **Œufs**.

Les œufs d'oiseaux qui sont employés dans notre alimentation sont presque exclusivement ceux des Poules.

Constitution. — L'œuf de poule est formé de trois parties principales : la coquille, le blanc et le jaune ou vitellus. Son poids moyen est d'environ 60 grammes ; il peut varier entre 45 et 80 grammes. La coquille entre dans ce poids total pour environ 1 /10, le blanc pour 6 /10, et le jaune pour 3 /10.

A la surface du jaune de l'œuf, on peut remarquer une petite tache blanchâtre : on l'appelle la *cicatricule ;* c'est le point de départ du développement du petit poussin.

A l'une des extrémités de l'œuf se trouve une chambre à air.

Composition chimique. — La coquille de l'œuf est constituée surtout par des sels de calcium : carbonate et phosphates ; elle renferme aussi du carbonate de magnésium, de l'oxyde de fer, et une matière organique contenant du soufre.

Le blanc d'œuf renferme 86 p. 100 d'eau environ ; la matière sèche qui reste après la séparation de l'eau est presque entièrement constituée par de l'albumine. L'analyse y a également mis en évidence l'existence de petites quantités de substances sucrées et de matières grasses, du chlorure de sodium, des traces de phosphate de calcium et de matière colorante.

Le jaune est moins riche en eau que le blanc, il

n'en renferme que 48 p. 100. Tandis que le blanc renferme 13 p. 100 d'albumine, le jaune contient 14 p. 100 de vitelline, et 1,5 p. 100 de nucléine, substances albuminoïdes différentes de l'albumine du blanc. Mais, ce qui caractérise surtout le jaune d'œuf au point de vue chimique, c'est sa teneur élevée en matières grasses : 30 p. 100. Parmi ces matières grasses, il faut citer la lécithine, corps gras azoté renfermant du phosphore dans sa molécule, la margarine, l'oléine, l'acide margarique, l'acide oléique et la cholestérine.

Le jaune d'œuf renferme en outre des matières colorantes, des traces de glucose, de petites quantités de sels de calcium, de magnésium, de sodium, de potassium et d'ammonium.

Usages. — Les œufs jouent un rôle important dans l'alimentation courante. Il est nécessaire qu'ils n'aient subi aucune altération pour être utilisés ; aussi les mange-t-on soit immédiatement après qu'ils ont été pondus, soit après avoir été conservés dans des conditions particulières que nous indiquerons tout à l'heure, et qui ont pour but d'empêcher toute altération des composés nutritifs qu'ils contiennent.

En dehors de leur emploi dans l'alimentation, les œufs sont encore l'objet de différentes applications dans l'industrie.

La coquille, après avoir été calcinée pour éliminer les matières organiques, et pulvérisée, est employée comme poudre absorbante.

L'albumine du blanc d'œuf sert à fixer les couleurs sur les tissus ; on l'emploie aussi pour lustrer différents objets tels que les reliures de livres ; c'est aussi pour obtenir ce dernier résultat qu'on l'utilise en chapellerie. La propriété qu'elle possède, de former des combinaisons insolubles avec les sels métalliques, la fait employer pour combattre les empoisonnements causés par certains de ces sels. Le fait qu'elle coagule en présence des tannins, ou par l'action de la chaleur, des acides, de l'alcool, etc., permet de l'employer dans la clarification des vins, des sirops, des liqueurs, pour la confection des pâtisseries fines.

La solution aqueuse du blanc d'œuf est employée : en photographie, pour servir de substratum aux sels décomposables par la lumière ; en micrographie, pour fixer sur les lames porte-objets les préparations qui doivent être examinées au microscope, etc.

Le jaune de l'œuf, desséché et pulvérisé, est employé dans l'apprêt des gants. A l'état frais il sert à fabriquer des émulsions de substances huileuses ou résineuses ; il est employé dans la confiserie et la pâtisserie. On en extrait une huile qui est utilisée en médecine.

Conservation. — Les œufs laissés à l'air perdent continuellement de l'eau grâce à la porosité de leur coquille. On a évalué à 3 ou 4 grammes la quantité d'eau que peut perdre un œuf pendant une journée. Mais en dehors de cette première altération que subissent les œufs lorsqu'ils sont laissés à l'air, il se produit en même temps une décomposition des composés organiques facilement altérables qu'ils contiennent.

Lorsqu'on ne veut pas consommer les œufs dans les 3 à 5 jours qui suivent la ponte, il est donc nécessaire de les soustraire au contact de l'air si on veut les conserver sans qu'ils subissent aucune altération.

Pour arriver à ce résultat il existe plusieurs méthodes qui sont communément employées.

Les procédés qui consistent à disposer les œufs en couches, dans du sable, du son, de la sciure de bois, ou de la cendre sont insuffisants, car ils ne mettent pas les œufs complètement à l'abri de l'air. L'immersion dans le sel communique aux œufs un goût salé. L'immersion dans un lait de chaux leur donne une saveur désagréable.

La méthode qui consiste à les enduire de paraffine donne de bons résultats, mais ne peut entrer dans la pratique à cause des difficultés qu'elle présente.

La conservation en présence d'une atmosphère constituée par du gaz d'éclairage, ou par de l'acide carbonique, ou bien l'immersion dans l'acide phénique ou l'eau chlorée, donnent d'excellents résultats.

Mais, une méthode tout à fait recommandable est celle qui consiste, soit à enduire toute la coquille de l'œuf d'une couche d'huile de lin qu'on laisse ensuite sécher, soit à plonger l'œuf frais dans une solution de silicate de potasse marquant 25 à 30 degrés au pèse-acides et à le laisser ensuite sécher sur une feuille de papier. Dans ces conditions les substances qui se trouvent à l'intérieur de la coquille sont complétement à l'abri du contact de l'air et l'œuf peut ainsi se conserver pendant très longtemps sans s'altérer.

2. — **Plumes**.

Les plumes des Oiseaux sont des productions de la peau, comparables aux poils des Mammifères.

Structure. — Une plume est essentiellement constituée d'une *tige principale*, d'où partent des ramifications appelées *barbes* ; les barbes sont elles-mêmes munies de *barbules*.

La tige principale est formée de deux parties : l'une inférieure qui est creuse, le *tuyau*, l'autre pleine, c'est la *tige proprement dite*. C'est sur la tige proprement dite que sont insérées les barbes.

Il existe plusieurs sortes de plumes. Les *rémiges* sont les grandes plumes qui, en nombre constant pour une même espèce, forment les ailes ; les *rectrices*, dont le nombre est aussi constant, sont celles de là queue ; les *tectrices* sont les plumes qui, sur différentes parties du corps, par exemple à la naissance des ailes, et sur la queue, s'imbriquent à la manière des tuiles d'un toit. On donne le nom de *duvet* aux très petites plumes qui se trouvent sur certaines parties du corps des oiseaux aquatiques et sur la totalité du corps des jeunes oiseaux, par exemple. Les grandes plumes : rémiges, rectrices et tectrices, sont souvent dési-gnées sous le nom de *pennes*.

La coloration des plumes est extrêmement variée ; elle est profondément influencée par les agents exté-rieurs ; elle varie suivant les conditions de vie de l'animal ; elle n'est pas la même chez le mâle et chez la femelle.

La plupart des oiseaux perdent leurs plumes deux fois par an, au printemps et en automne ; on dit qu'ils *muent* ; la chute des vieilles plumes est accompagnée de l'apparition des nouvelles. Le plumage d'été diffère souvent beaucoup de celui de l'hiver.

Au point de vue commercial, il y a lieu de dis-tinguer : les plumes de parure, les plumes de literie, les plumes à écrire, de brosserie, etc.

Plumes de parure. — Les plumages employés comme parure sont choisis parmi ceux qui présentent les plus belles couleurs, l'éclat le plus remarquable ou la finesse la plus grande. On emploie : soit le plumage tout entier, soit les plumes isolées d'une région déterminée du corps de l'animal. Lorsque le plumage est employé en entier ou au moins en grande partie, on peut s'en servir *en peau*, c'est-à-dire étalé, ou *monté*, c'est-à-dire après qu'on lui a donné la forme de l'animal dont il provient.

L'industrie de la plumasserie comporte une série d'opérations qu'on fait subir aux plumes ; l'ensemble de ces opérations est désigné sous le nom d'*apprêts*.

Les apprêts comprennent : 1º le *détirage* ; 2º le *tressage* ; 3º le *dégraissage* ; 4º le *séchage* ; 5º le *dressage* ; 6º le *parage* ; 7º le *frisage* ; 8º la *teinture*.

Pour les plumes qu'on veut conserver blanches, on pratique en outre le *blanchiment* et l'*azurage*.

Les plumes de luxe dont les belles colorations sont naturelles ne subissent évidemment aucune teinture.

Le *tressage* ou *enfilage* consiste à garnir une ficelle de plumes choisies de manière qu'elles soient de même qualité : l'ensemble de 25 plumes assorties réunies de cette façon est appelé *filet*, 12 filets font une *poignée*.

Le *parage* est l'opération qui consiste à assouplir les plumes.

Les étoffes tissées en plumes portent le nom de *tissus-plumes*. Ces tissus-plumes taillés et cousus, servent à fabriquer des *fourrures* de *plumes*.

Plusieurs sortes de plumes de parure sont employées régulièrement pour l'ornement de certaines coiffures militaires. D'autres servent à garnir les chapeaux de femmes ou à constituer des manchons, des bordures de vêtements, etc. Examinons les diverses espèces d'oiseaux de France qui sont utilisés au point de vue de l'industrie de la plume de parure.

On emploie comme parure les plus élégants des petits oiseaux qui constituent le groupe des Passereaux, soit entiers, soit représentés par leur tête, leur queue, ou leurs ailes.

Geai. — Ce sont les plumes du Geai, mélangées à d'autres plumes, qui servent à faire en plumasserie des objets connus dans cette industrie sous le nom d'*esprits*.

Fig. 44. — Martin-pêcheur.

Martin - pêcheur. — Le Martin-pêcheur (fig. 44) vit au voisinage des cours d'eau. La couleur de ses plumes est d'un bleu foncé mêlé de bleu clair sur le dessus du corps. La tête est bleue, une bande latérale située au niveau des yeux est roux foncé, avec du noir près des yeux et du blanc sale près du cou.

Guêpier. — Le Guêpier (fig. 45) est un oiseau méridional ; ses plumes sont brun roux sur le dessus du corps, les ailes sont vert olive, le ventre est d'un

vert assez brillant. Le dessus de la tête est roux en
arrière et bleuâtre en avant, la gorge est d'un beau
jaune orangé ; une ligne noire part du bec, passe au
niveau des yeux et circonscrit la gorge.

Fig. 45. — Guêpier.

Rollier. — Le Rollier (fig. 46) est un oiseau
qu'on ne rencontre que rarement en France, sur les
coteaux les plus chauds des régions méridionales. Sa
couleur varie du bleu pâle au bleu foncé.

Les Oiseaux que nous venons de citer font l'objet
d'un commerce qui comprend une foule d'autres
Passereaux, trop nombreux pour que nous puissions
en donner la nomenclature.

Parmi les Gallinacés sauvages de France, on peut
citer les suivants :

Tetras-lyre. — Cet oiseau, devenu rare, ne se trouve plus guère en France que dans le Jura et les Vosges il porte aussi le nom de petit Coq de bruyère ; on utilise parfois les plumes contournées de sa queue.

Fig. 46. — Rollier.

Dans le groupe des Gallinacés, ce sont surtout les espèces domestiques qui sont intéressantes au point de vue industriel.

Coq. — Le Coq fournit des plumes de parure dont le prix est peu élevé ; on distingue ces plumes en *plumes de queue*, atteignant quelquefois 54 centimètres de longueur, et en *plumes de corps* qui mesurent de 8 à 16 centimètres. Nous parlerons plus loin de l'utilisation des plus petites plumes de coqs et de poules pour la literie.

Les Coqs blancs fournissent les plumes de queue les plus estimées. Les grandes plumes retombantes de Coq servent à fabriquer ce qu'on appelle les *panaches russes* ou *panaches de chasseur*.

Faisan. — Une seule espèce de Faisan vit à l'état sauvage en France ; les autres espèces, se reproduisant en volières, peuvent être considérées comme des espèces domestiques. Ce sont le *Faisan doré*, le *Faisan argenté*, etc. On utilise les plumes de la queue, les ailes, la tête et le cou ; avec les petites plumes collées les unes près des autres, on fait aussi une sorte de tissu.

Paon. — Les belles plumes de cet oiseau servent également comme parure ; en terme de plumasserie, on nomme *guirlande* tout ornement fait avec des bouts de plumes de Paon.

Héron. —Deux espèces de Hérons, la grande et la petite Aigrette, sont estimées pour les longues plumes blanches et extrêmement fines d'une partie de leur dos et des ailes. Ces fins panaches rigides et délicats portent le nom de *brosses* : on les emploie dans l'armée comme insignes du grade de colonel. Ils servent aussi comme parures de théâtre.

L'espèce dite petite Aigrette se trouve quelquefois dans le midi de la France.

Citons encore, parmi les Echassiers utilisés pour leurs plumes, le *Flamant* et l'*Ibis*.

Fig. 47. — Chouette effraye.

Hiboux et Chouettes. — Plusieurs espèces de

Fig. 48. — Cygne.

Hiboux et de Chouettes (fig. 47) sont quelquefois empaillées et servent alors d'ornement.

Fig. 49. — Sterne.

Cygne, Oie, Grèbe, Canard, Sterne, Pélican. — Avec le duvet du Cygne (fig. 48) et celui de l'Oie, on fabrique des tissus-plumes d'une grande finesse.

Le Grèbe fournit aussi des plumes dont on fait un tissu très estimé.

Avec l'extrémité des plumes de l'Oie on confectionne des plumets de soldats.

Les plumes et les ailes du Canard, de même que celles du Sterne, ou Hirondelle de mer, (fig. 49) servent aussi de parure.

Le Pélican, qui ne passe que rarement en France, fournit des plumes assez fines.

Nandou. — Le Nandou ou Autruche d'Amérique est une espèce qu'on a réussi à acclimater en France, dans des parcs analogues aux parcs à Autruches. Ses plumes sont vendues sous le nom de plumes d'Autruche et de plumes de Vautour. On les connaît, selon leur couleur, sous les noms de *grandes blanches* ou *grand Vautour blanc, petites blanches* et *grandes grises.*

Presque tous les groupes d'Oiseaux fournissent quelques espèces dont les plumes sont ainsi utilisées comme plumes de parure.

Plumes de literie. — Pour la confection des articles de literie, on n'emploie le plus souvent que les plumes des Palmipèdes. Deux sortes de plumes servent à cet usage : les uns sont dites *petites plumes,* les autres *duvet.*

Avec les petites plumes (fig. 50), on rembourre les matelas appelés lits de plumes, et les oreillers ; le duvet (fig. 51) sert à remplir les édredons ou les coussins : il est plus dense et par conséquent plus chaud que la plume ordinaire.

Les plumes de literie proviennent des régions où

l'élevage de la volaille est le plus abondant, la Normandie par exemple. On plume *à vif* les Oies et les Canards, une ou deux fois par année, avant la mue ;

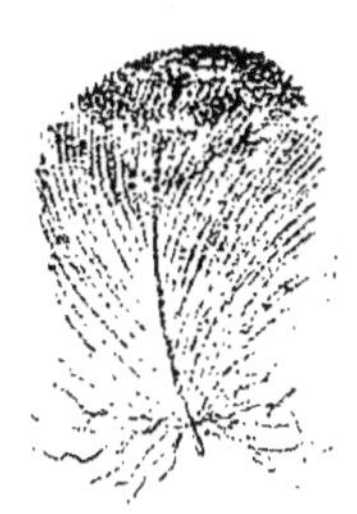

Fig. 50. — Petite plume de Poule.

on fait sécher à l'étuve ces plumes, et on les soumet ensuite à une sorte de battage de façon à les dépouiller complètement de tous les insectes et acariens qui s'y trouvent. Les plumes sont quelquefois aussi préparées au moyen de la chaux : mais alors elles durcissent et se conservent mal.

Les plumes venant de la Normandie, principalement de l'Orne, sont dites *plumes d'Alençon ;* on les récolte dans les basses-cours, sur les Canards et les Oies, parfois aussi sur les Poules.

Il existe un duvet beaucoup plus fin que celui de l'Oie ou du Canard ordinaire, c'est celui de l'*Eider*, qui constitue au point de vue industriel le *duvet* véritable. Le *Canard eider*, oiseau des contrées septentrionales, se trouve parfois aussi en France, dans les hivers les plus froids. D'ordinaire, il séjourne en Laponie et en Islande. Les lois d'Islande protègent très efficacement cette espèce, source de richesse pour toute l'île, tandis qu'en Laponie, la chasse en amènera bientôt la destruction.

Fig. 51. — Duvet de Canard.

Voici comment se pratique en Islande la récolte du duvet de l'Eider. En juin, dès que la femelle construit son nid, elle s'arrache de la poitrine un fin duvet dont elle ouate les parois du nid : le fermier islandais s'en empare immédiatement; elle arrache de nouveau une

partie de son plumage, qu'on lui enlève encore, mais on
ne touche jamais à ses œufs, sauf lorsqu'on veut l'in-
citer à regarnir son nid plus rapidement. Les Ei lers
construisant plus volontiers leurs nids sur de petits

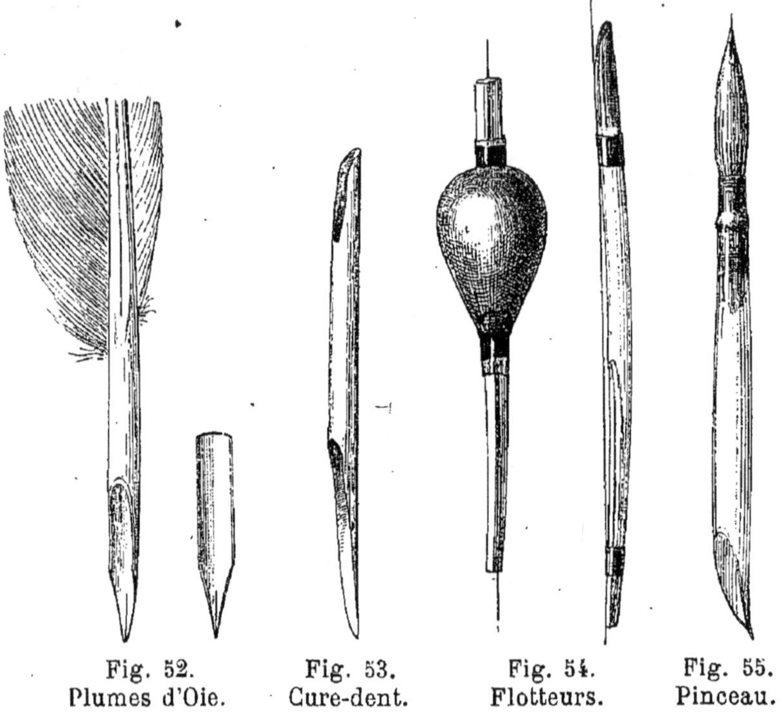

Fig. 52.   Fig. 53.   Fig. 54.   Fig. 55.
Plumes d'Oie.   Cure-dent.   Flotteurs.   Pinceau.

îlots, les Islandais aménagent pour eux des îles artificielles autour de chaque îlot naturel qui en devient
le centre.

Il faut en moyenne dépouiller *douze* nids pour avoir
une livre de duvet.

Le duvet d'Eider se divise en deux sortes : le
groess-duum et le *thang-duum*. Le premier provient
des nids en terre ferme ; il contient un peu d'herbe ;
le second est récolté dans les nids construits entre les
roches marines ; il est mélangé d'algues, et conserve

une certaine humidité qui l'empêche d'être aussi estimé que le *groess-duum*.

Le mot *édredon* (*edjerdun*) désigne en réalité le duvet d'Eider.

Le duvet le plus renommé après celui de l'Eider est celui du *Canard Tadorne*.

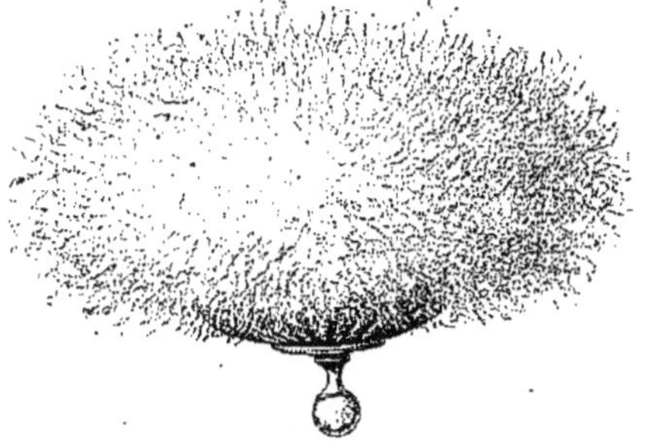

Fig. 56. — Houppe à poudre de riz en duvet de Cygne.

Autres objets en plume. — On ne se sert presque plus aujourd'hui de plumes d'Oie pour écrire : il est intéressant cependant de noter que ces plumes (fig. 52) dont on fit autrefois un grand commerce proviennent de trois sortes d'oiseaux : l'Oie, le Corbeau et le Canard : elles sont taillées dans les rémiges. Les rémiges de ces animaux sont employées également pour faire des articles de pêche, tels que des flotteurs (fig. 54), par exemple), des cure-dents (fig.

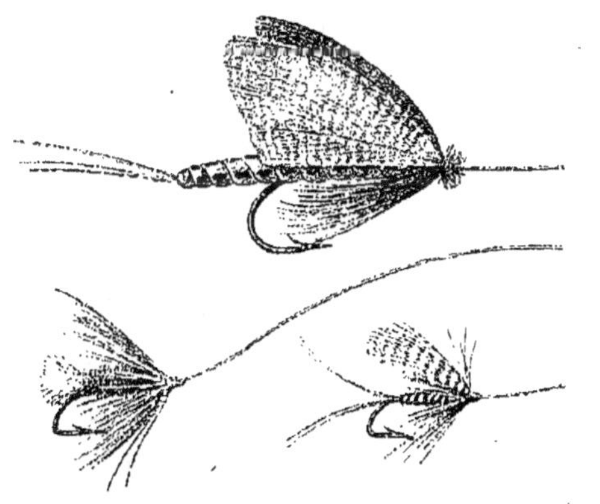

Fig. 57. — Mouches artificielles en plumes.

53), des manches de pinceau (fig. 55), etc.

On confectionne avec le duvet du Cygne de petites houppes à poudre de riz (fig. 56).

Les plumes de Nandou, de Coq et de Dindon

servent à confectionner des plumeaux à épousseter.

Citons encore les mouches artificielles en plumes employées pour la pêche (fig. 57).

Conservation des plumes. — Les pelleteries de plumes, de même que les fourrures, sont exposées aux attaques de divers insectes et acariens dont nous ne ferons que citer les principaux.

Parmi les larves d'Insectes : les *Dermestes*, les *Attagènes*, les *Anthrènes* et les *Teignes de pelleteries*.

Parmi les Acariens, on peut nommer les *Glyciphages*, les *Tyroglyphes* et les *Cheylètes*.

Les Acariens ne sont pas aussi préjudiciables aux pelleteries que les larves d'Insectes, lesquelles, extrêmement voraces, sont pourvues de très vigoureuses mâchoires.

Divers moyens sont employés pour préserver les fourrures et les plumes ; le plus simple est de les battre et de les exposer souvent à l'air. On se sert aussi, en vue de conserver les plumes, de camphre, de naphtaline et de térébenthine.

3. — **Viandes**.

La chair des Oiseaux entre pour une notable proportion dans l'alimentation de l'homme. Elle est fournie, soit par des Oiseaux qui vivent à l'état sauvage et dont l'ensemble se classe dans le *Gibier*, soit par des oiseaux domestiques dont l'ensemble constitue la *Volaille*.

Gibier. — L'homme se procure le gibier au moyen de la chasse. Parmi le gibier à plumes, citons la Perdrix, le Faisan, la Bécasse, la Grive, la Caille, le Canard sauvage, la Sarcelle, le Coq de bruyère, etc.

Volaille. — L'ensemble des oiseaux domestiqués par l'homme et soumis à l'élevage est désigné sous le nom de *Volaille*. La volaille comprend les espèces suivantes, dont quelques-unes sont d'origine très lointaine, mais acclimatées dans nos basses-cours.

Poule. — Ce sont le Coq et la Poule qui fournissent la viande le plus souvent utilisée parmi les volailles. Cette viande provient généralement d'animaux n'ayant pas atteint l'état adulte et qu'on désigne sous le nom de *Poulets ;* les produits de l'élevage ainsi employés doivent avoir moins d'un an. Les poules qu'on laisse vieillir sont généralement destinées à la production des œufs.

L'âge des volailles se reconnaît à plusieurs signes : aux pattes, lisses chez les jeunes poulets, mais qui se couvrent d'écailles avec les années ; au sternum, encore flexible chez les jeunes ; enfin au développement de l'ergot qui doit être à peine prononcé la première année.

Pigeon. — Après le Poulet, citons le Pigeon qui constitue une volaille plus petite, mais assez généralement utilisée.

Dindon, Pintade, Faisan. — Ces oiseaux, acclimatés chez nous depuis des époques plus ou moins récentes, sont connus comme des volailles qui entrent dans l'alimentation de toute la France. Le Dindon fournit une chair qui se rapproche par ses qualités de celle du Poulet.

Oie, Canard. — Cette viande, plus foncée que la chair du Poulet, est d'une digestion plus difficile

que toutes celles que nous venons d'énumérer.
Quand l'Oie est engraissée d'une manière excessive,
son foie prend un développement énorme ; on le
prépare sous le nom de *foie gras*. Ce sont des Oies du

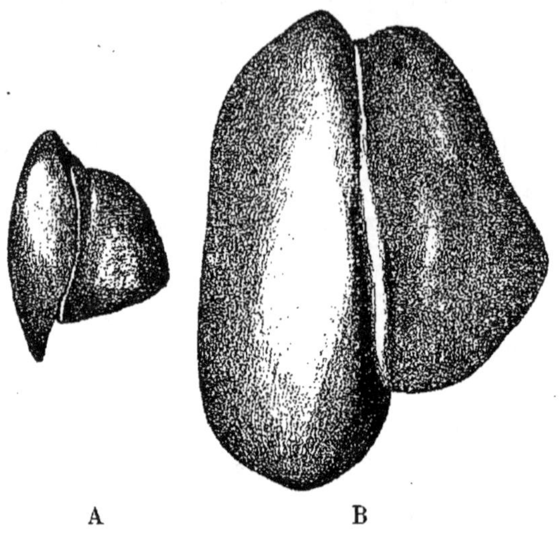

Fig. 58. — A, foie d'Oie normal; B, foie d'Oie engraissée
(foie gras).

midi de la France, principalement l'*Oie de Toulouse*
qui fournissent les meilleurs foies gras (fig. 58).

4. — Aviculture.

On donne le nom d'*Aviculture* (du latin *avis*, oiseau)
à l'élevage des oiseaux utiles à l'homme.

Nous n'avons parlé des œufs que pour expliquer
leur constitution, et par rapport aux usages qu'on
peut en tirer directement. Il nous reste à parler ici
des méthodes employées pour l'éclosion et pour l'élevage des jeunes poussins.

Le premier traitement que doivent subir les œufs

que l'on veut faire éclore est le *triage* ; on doit soigneusement rejeter les œufs dont la forme est défectueuse, parce qu'ils ne contiennent, selon toute probabilité, que des embryons difformes et ne sont pas susceptibles de donner des volatiles normaux. Ensuite, les œufs choisis sont livrés à l'*incubation*, laquelle s'effectue soit dans des couveuses naturelles, soit à l'aide de couveuses artificielles. Les petits, éclos, sont ensuite élevés par les soins de l'oiseau qui a couvé les œufs, ou par ceux d'un autre, ou encore au moyen d'une *éleveuse artificielle*. Nous allons donner quelques détails sur ces diverses méthodes, en nous occupant d'abord uniquement de la Poule. Nous ajouterons ensuite quelques renseignements relatifs à l'élevage des Palmipèdes et à celui des Pigeons.

Couveuses naturelles. — Il existe en réalité deux sortes de couveuses naturelles parmi les Poules, bien que cette affirmation puisse étonner au premier abord. Nous distinguerons ces deux catégories de couveuses de la façon suivante :

1° *Couveuses à l'état libre ;*

2° *Couveuses à l'état domestique.*

A L'ÉTAT LIBRE. — C'est la poule qui, bien qu'animal domestique, est laissée libre, soit par la négligence des fermiers soit par sa propre ruse, de s'occuper de ses œufs et de sa couvée comme elle l'entend. La méthode qu'elle suit est celle qui, par conséquent, se rapproche le plus des conditions naturelles.

Transportons-nous dans une ferme bien organisée ; nous savons que, malgré la vigilance de la fermière il arrive de temps en temps qu'une poule, plus ingénieuse ou plus indépendante que ses pareilles, trouve le moyen de se soustraire à la vue de tous. On la cherche pendant plusieurs jours ; on la croit perdue et l'on finit par n'y plus penser.

Cette poule, qui a réussi à dépister toutes les recherches, organise son nid dans la paille ou dans l'herbe, généralement en plein air sous un buisson ou bien à l'abri d'un hangar abandonné. Elle couve avec beaucoup de zèle, puisque c'est d'elle-même que l'intention de couver est venue, se lève de temps en temps avec précaution de dessus ses œufs, pour aller chercher sa nourriture, y revient quand il lui plaît, mais généralement dès qu'elle le peut. Enfin, les petits étant éclos, elle les sèche, les couve encore avec des soins attentifs, et les fait promener à l'abri de toutes les recherches. Puis, un beau jour, cette poule rentre au milieu de la basse-cour, ramenant à la fermière une petite famille déjà complètement élevée.

A L'ÉTAT DOMESTIQUE. —. Voici au contraire comment les choses se passent d'ordinaire dans une ferme bien organisée. Dès qu'une poule a pondu, on s'approche pour lui dérober, sinon tous ses œufs, du moins une partie de ces derniers ; ceci oblige la poule qui veut conserver ses œufs, à pondre plus souvent. Quand on la laisse couver, c'est donc après lui avoir pris ses œufs, et toujours en la transportant elle-même de force dans un nid artificiel. Ce nid, sorte de panier d'osier à couvercle, est placé bien en vue, et la poule, qui a le goût de rechercher, pour couver, un abri plus mystérieux et un peu obscur, est enfermée sous le couvercle de ce panier et mise sur des œufs déjà triés soigneusement, dont la plupart ou même la totalité ne lui appartiennent pas.

A certaines heures de la journée choisies par la fermière, le couvercle est ouvert pour permettre de délivrer la couveuse et de la nourrir. On la soulève le plus souvent sans la laisser se lever d'elle-même, dans la crainte qu'en piétinant dans le panier étroit elle ne brise les œufs.

Enfin on a soin, par l'emploi de poudre insecticide, de ne pas laisser se développer dans ses plumes les petits parasites qui pourraient ensuite s'attaquer aux jeunes poussins.

Quand les petits sortent de l'œuf, il est nécessaire de prendre encore des précautions et de les séparer de la poule qui pourrait, tout en les laissant se nourrir les premiers, prendre sa part de la nourriture coûteuse préparée pour eux. Enfin on surveille constamment la couveuse, dans le but de corriger ses habitudes en vue de la plus grande abondance et de la plus grande qualité des produits de l'élevage. Cette dernière méthode est évidemment la plus lucrative, bien qu'elle exige des soins multiples et intelligents ; mais en la comparant avec la méthode absolument naturelle, on observe que les avantages ne vont pas tous à la façon de procéder la plus compliquée.

En effet, beaucoup d'éleveurs ont constaté que les petits poussins éclos à l'abri de toute perquisition et ramenés par la poule sont généralement tous d'égale taille et beaucoup plus robustes que ceux qu'on obtient ordinairement dans les fermes.

A quoi cela tient-il ? Probablement à ce que les conditions naturelles de la couvée ont été respectées.

Toutefois les couvées obtenues de cette manière ont eu de plus grands risques à courir, les œufs ainsi que les poussins auxquels ils donnent naissance se trouvant exposés aux ennemis du dehors : Chats, Belettes, Rats, etc.

C'est pourquoi le système le meilleur serait celui qui réunirait les avantages les plus importants de ces deux manières de couver. A cet effet, certains éleveurs ménagent à leurs poules couveuses des abris un peu obscurs, et, tout en surveillant l'hygiène du nid, prennent garde de laisser à chaque couveuse une liberté relative, de façon à ne pas la désintéresser du sort de ses œufs.

Couveuses artificielles. — L'élevage des volailles a fait des progrès très considérables depuis l'invention d'appareils destinés à remplacer la chaleur de la mère.

Ces appareils, qu'on appelle des *couveuses artificielles*, permettent de faire éclore en même temps une très grande quantité d'œufs qu'il aurait fallu distribuer à plusieurs poules, chacune ne pouvant en couver qu'un petit nombre à la fois.

Quels que soient les détails de leur agencement, les couveuses artificielles sont toutes construites suivant les mêmes principes. Elles se composent d'une chambre d'incubation, dont la température est maintenue assez élevée et constante grâce à des tuyaux remplis d'eau chaude, ou encore au moyen de l'air chaud. Les œufs reposent sur un fond de sable humide recouvert de paille.

Entre l'appareil de chauffage et l'air extérieur, se trouve interposée une couche de sciure de bois ou de feutre épais, de manière que la chaleur du système soit conservée.

Éclosion. — Une température continue de 39

à 40° est nécessaire au développement de l'embryon. Celui-ci se détache progressivement de la pellicule du vitellus. Deux ou trois jours avant l'éclosion, le poussin brise la membrane qui le sépare de la chambre à air, ce qui lui permet de respirer.

L'éclosion a lieu lorsque le bec du petit poussin brise les parois de la coquille.

Éleveuses naturelles. — Après l'éclosion les poussins sont généralement confiés à la garde d'une poule, soit de leur propre mère, soit d'une autre poule qui prend soin d'eux. Comme nous l'avons dit, on sépare quelquefois la poule de ses poussins au moment où on leur donne leur nourriture, afin qu'elle ne puisse s'en emparer en même temps qu'eux. La poule couve assez longtemps les poussins après leur éclosion, et tant qu'ils n'ont pas toutes leurs plumes.

Éleveuses artificielles. — On peut suppléer à la chaleur et à l'abri offerts aux poussins par la mère, au moyen des *éleveuses artificielles* qui sont d'une grande utilité pour les progrès de l'aviculture.

L'éleveuse artificielle comprend généralement deux parties communiquant entre elles.

L'une est une boîte chauffée, garnie de foin, et maintenue dans l'obscurité ; l'autre appelée *parquet* est un abri en pleine lumière assez grand pour que les poussins puissent y prendre de l'exercice. La première est destinée à remplacer l'abri que la poule offre aux poussins sous ses ailes, et le parquet leur permet de s'ébattre en cherchant leur nourriture comme ils le feraient autour de leur mère.

Élevage des palmipèdes. Canard. — A l'état

libre, le Canard passe la plus grande partie de sa vie sur l'eau, et niche sur le bord des étangs ou des rivières. Mais pour obtenir, dans les fermes, des canards engraissés et d'un poids considérable, on doit priver ces Palmipèdes de la proximité d'une eau où ils pourraient nager en liberté. Il en résulte que la cane, ne pouvant couver ses œufs dans des nids abrités au bord de l'eau comme son instinct la pousse à le faire, et ne pouvant pas davantage mener ses canetons à la rivière où elle se meut avec plus de facilité que sur la terre ferme, devient, dans les basses-cours, impropre au métier de couveuse et d'éleveuse. On doit confier ses œufs à une poule, qui les couve, et élève ensuite les jeunes canetons comme elle le ferait pour des poussins.

Oie. — L'Oie cache d'ordinaire tous ses œufs en les recouvrant, aussi lui prépare-t-on généralement à l'avance une sorte de nid dans une petite hutte de paille, assez écartée pour qu'elle puisse prendre l'habitude d'y pondre. L'Oie couve volontiers ses œufs, que l'on peut confier également à une Dinde ou à une Poule.

Élevage des pigeons. — Les Pigeons utilisés comme volaille appartiennent le plus souvent à la race des *Pigeons mondains*, et ressemblent beaucoup à la race sauvage des *Bizet*, souche de tous les pigeons domestiques. Les nids de pigeons domestiques sont placés dans un abri nommé *colombier* ou *pigeonnier*. Chaque couple d'oiseaux prend soin de ses petits, le mâle et la femelle couvent alternativement. La première nourriture donnée aux jeunes est une sorte de liquide blanchâtre sécrété dans le jabot des parents. Ensuite les pigeons se nourrissent de grains.

Pigeons voyageurs. — A côté des races de Pigeons domestiques qui ne servent qu'à l'alimentation, on élève d'une façon toute spéciale certains Pigeons provenant aussi de races sauvages, et dits *Pigeons voyageurs*. En général, le pigeon voyageur est plus fort que le pigeon vulgaire ; on l'a élevé et nourri

Fig. 59. — Poule Houdan.

en vue de développer la puissance de son vol : il a donc la poitrine large et les ailes longues.

Il provient de races qui ont l'habitude de voyager à de grandes distances, et il s'oriente avec une sûreté extraordinaire pour revenir au nid. C'est surtout cette faculté remarquable d'orientation que l'on utilise, et nous allons voir de quelle façon.

Le pigeon voyageur, emporté à une distance quelconque du nid, dans un panier fermé par exemple, et lâché ensuite en plein air, retrouve la direction

de son nid où son vol le ramène bientôt par la voie
la plus courte. Il ne se guide pas par la reconnaissance
visuelle des lieux, mais un instinct tout à fait parti-

Fig. 60. — Poule Crèvecœur.

culier et très développé chez cet oiseau le conduit
avec certitude. On utilise cet instinct en chargeant
le pigeon, ainsi lâché à une distance quelconque du
lieu où se trouve son nid dont on l'a éloigné volon-
tairement, de dépêches qui peuvent pénétrer par
ce moyen, dans une ville assiégée par exemple. C'est
surtout dans l'armée que les pigeons voyageurs

peuvent rendre des services ; il existe d'importants colombiers militaires, où un élevage et un entraînement raisonnés ont pour but de développer la force et les facultés d'orientation des races de Pigeons.

Parmi les différentes races de Pigeons voyageurs.

Fig. 61. — Poule Cochinchinoise.

citons les *Pigeons liégeois*, les *Persans*, les *Anversois* et les *Cravatés*. On fait l'éducation de ces Pigeons en les éloignant de leur nid à des distances de plus en plus grandes et en surveillant leur retour au nid. On les habitue aux transports dans des paniers fermés ; les pigeons employés dans l'armée sont introduits dans une sorte d'étui en osier qui affecte la forme de l'oiseau et qu'un cavalier porte suspendu à sa ceinture. On place la dépêche à transmettre dans un tube très petit et très léger fixé à l'une des plumes de la queue de façon à ce que le vol de l'oiseau n'en soit pas sensiblement alourdi.

Ajoutons pour terminer qu'on utilise également les pigeons voyageurs sur mer.

Races de volailles. — Parmi les Poules, certaines races sont employées plutôt pour la production des œufs comme les races de *Houdan* (fig. 59), de *Crèvecœur* (fig. 60), de *Hambourg* et de *Campine*. D'autres, meilleures couveuses, sont choisies pour l'élevage des poulets ; ce sont les Poules *Cochinchinoises* (fig. 61), *Nègres*, *Brahma*, *Langhshams*.

Parmi les Palmipèdes, l'espèce de Canards le plus

Fig. 62. - Oies de Toulouse.

appréciée au point de vue de la grosseur et de la qualité de la chair est le *Canard de Rouen*.

L'Oie qui s'engraisse le mieux est l'*Oie de Toulouse*, (fig. 62).

Nourriture des volailles. — Les Poules se nourrissent généralement de ce qu'elles rencontrent lorsqu'on les laisse en liberté, et du grain qu'on leur donne. Certaines sont nourries exclusivement de grain.

Quant aux très jeunes poussins, on leur donne le

plus souvent une pâtée composée de pain, de jaunes d'œufs et de coquilles d'œufs.

Les Canards trouvent dans les prairies où on les laisse errer en liberté une nourriture très abondante : insectes et mollusques. On leur donne, dans les fermes, une pâtée de farine d'orge et de sarrasin.

L'Oie se contente souvent de graines et d'herbe. Elle ne coûte guère à élever et on peut la mener en troupeaux sur les bords des chemins pour lui permettre de se nourrir de tout ce qu'elle trouve. Quand on désire l'engraisser d'une façon particulière, en vue d'obtenir des foies gras, on la gave d'épaisses pâtées de farine d'orge et de maïs.

IV

REPTILES

Caractères généraux. — La plupart des Reptiles sont ovipares comme les Oiseaux.

Contrairement à ce que nous avons vu chez les animaux de ce dernier groupe ainsi que chez les Mammifères, le corps des Reptiles a une température variable ; cette température est très peu élevée au-dessus de la température ambiante. Aussi désigne-t-on généralement les Mammifères et les Oiseaux sous le nom d'*animaux à sang chaud*, tandis que les Reptiles, ainsi d'ailleurs que les Batraciens et les Poissons, sont dits *animaux à sang froid*.

La peau de ces animaux est dure, résistante, et couverte d'écailles d'origine épidermique.

Le corps est pourvu de quatre ou de deux membres, ou bien encore il en est complètement dépourvu ;

d'une manière générale c'est le corps privé de membres qui joue le rôle principal dans la locomotion ; on dit que les Reptiles sont des animaux *rampants*.

La plupart des Reptiles ont une vie terrestre ; quelques-uns seulement se sont adaptés à une vie aquatique.

Le cerveau des Reptiles est peu développé et les organes des sens sont moins bien différenciés que dans les groupes précédents.

Chez certains Reptiles (Lézards, Tortues), le cœur n'a que trois cavités : deux oreillettes et un ventricule ; chez d'autres (Crocodiles) il en présente quatre : deux oreillettes et deux ventricules, comme chez les Oiseaux et chez les Mammifères. Que le ventricule soit uniloculaire ou biloculaire, une branche de l'aorte part de deux points éloignés l'un de l'autre dans la cavité unique, pour le premier cas, et de deux points situés chacun dans une des deux cavités, pour le second cas. Les deux branches venant du ou des ventricules se réunissent ensuite pour constituer une seule aorte. Il existe donc, chez les Reptiles, deux crosses de l'aorte.

Tous les Reptiles respirent par des poumons ; mais ces organes sont beaucoup plus simples que ceux des Oiseaux ou que ceux des Mammifères. Chaque poumon des Reptiles est constitué par un sac légèrement plissé divisé à l'intérieur par des cloisons et dans lequel la bronche vient s'ouvrir sans pénétrer à l'intérieur, ou si elle pénètre elle ne s'y ramifie pas. Certains Reptiles ont deux poumons (Lézards, Tortues), d'autres n'en ont qu'un (Serpents).

Les mâchoires des Reptiles sont pourvues de dents dans la plupart des espèces. Toutes les dents d'un

même individu sont semblables entre elles ; elles sont
dépourvues de racines ; chez certaines espèces
elles sont simplement soudées aux mâchoires ou
même à d'autres os de la bouche; chez d'autres elles
sont fixées dans des alvéoles.

Applications des Reptiles. — Le groupe des
Reptiles présente peu d'applications. Nous n'aurons
à nous occuper ici que de quelques espèces de Tortues dont l'écaille qui recouvre les plaques osseuses
de la partie dorsale du corps est utilisée dans l'industrie, pour fabriquer de nombreux objets de tabletterie.

1. — Ecaille.

On a donné le nom d'*écaille* à la substance qui constitue les grandes plaques rigides qui recouvrent la
carapace des Tortues de mer.

Trois espèces marines s'emploient principalement

Fig. 63. — Tortue de mer Cavoine.

dans l'industrie, ce sont : le *Caret*, la *Tortue franche*,
espèce qu'on ne rencontre pas sur nos côtes, et la
Caouane ou *Cavoine* (fig. 63).

La Tortue caouane vit dans l'océan Atlantique et la Méditerranée ; ses écailles, d'un brun foncé, atteignent parfois le nombre de 15, tandis que chez les autres espèces le nombre des écailles n'est ordinairement que de 13.

C'est au moyen de la chaleur d'un brasier ou à l'aide de l'eau bouillante que l'on parvient à déta-

Fig. 64. — Peigne ciselé en écaille.

Fig. 65. — Epingle à cheveux en écaille.

cher les écailles de la carapace qu'elles recouvrent. L'écaille subit ensuite plusieurs traitements qui consistent d'abord à la ramollir dans l'eau chaude, ensuite à la presser fortement, et à l'amincir en la grattant. Enfin on la polit pour lui donner plus d'éclat et de transparence.

L'écaille provenant de la Tortue caouane est de deux sortes ; la *grande écaille* et l'*écaille blonde*. La grande écaille de caouane est de couleur brune et rougeâtre avec des taches très claires et transparentes. On appelle *écaille blonde* l'une des treize ou quinze écailles de la carapace, différente des autres par sa couleur jaune et sa transparence. L'écaille blonde est toujours la plus appréciée.

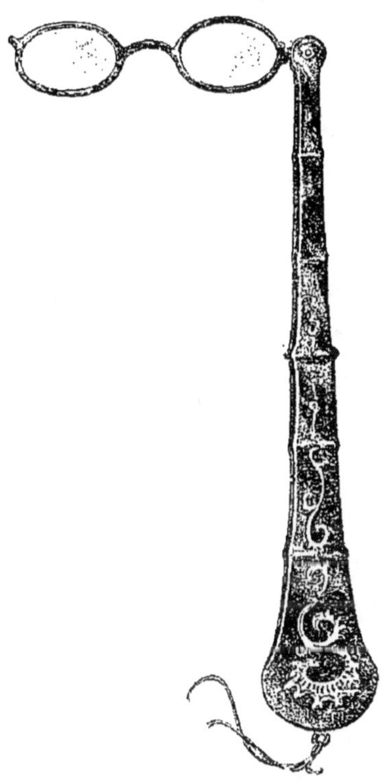

Fig. 66. — Face à main dont la monture est en écaille.

On travaille l'écaille assez facilement grâce à la propriété qu'elle possède de pouvoir, étant ramollie ou fondue, se souder à elle-même. On en fait une grande quantité d'objets de tabletterie et de marqueterie ; des peignes, (fig. 65) des épingles à cheveux, des montures d'éventails, de face à mains (fig. 66), de brosses, etc.

L'écaille se brise très facilement mais se répare assez bien, grâce aux soudures que l'on peut y faire. Les fragments et rognures d'écaille sont utilisés sous le nom d'*écaille fondue*. On les réunit dans un moule ayant la forme d'une plaque d'écaille, et on plonge ensuite ce moule dans l'eau bouillante ; on emploie une forte pression, et on obtient une plaque d'écaille homogène avec laquelle on peut fabriquer de nouveaux objets. Mais l'écaille, en fondant, perd de son éclat, et par conséquent, de sa valeur.

On emploie encore, sous le nom d'écaille, la bordure

de la carapace ainsi que les lames dures qui recouvrent les pattes, qu'on appelle *onglons*.

On imite l'écaille, soit avec la corne attaquée par des acides, et teintée artificiellement, soit avec le celluloïd.

Nous ne nous arrêterons pas au groupe des Batraciens qui offre peu d'intérêt au point de vue de la Zoologie appliquée. Parmi les animaux qu'il renferme nous ne ferons que citer la Grenouille, utilisée pour l'alimentation dans plusieurs régions. Les cuisses de Grenouille constituent un mets très recherché par certains gourmets.

V

POISSONS

Caractères généraux. — Avec les Poissons, nous arrivons au dernier groupe des Vertébrés.

La plupart des Poissons sont ovipares ; quelques-uns seulement sont vivipares.

La température du corps de ces animaux est variable, comme chez les Reptiles et les Batraciens. La surface du corps est recouverte d'écailles ; mais tandis que les écailles des Reptiles sont, comme nous l'avons vu plus haut, produites aux dépens de l'épiderme de la peau, celles des Poissons sont produites aux dépens du derme. Ces écailles se recouvrent généralement, chez les animaux appartenant à ce dernier groupe, à la manière des tuiles d'un toit ; elles sont enduites d'une mucosité spéciale.

Les Poissons sont des animaux aquatiques ; leur corps, généralement en forme de fuseau, allongé et aplati, muni de nageoires, est adapté pour la vie dans l'eau.

Le cerveau est petit, et le système nerveux est généralement assez simple.

Le cœur est composé de deux parties seulement, une oreillette et un ventricule. Il ne renferme que du sang noir, et peut donc être comparé au cœur droit des Mammifères. Le sang noir, ramené de toutes les parties du corps par les veines, se réunit dans l'oreillette du cœur ; de là il passe dans le ventricule

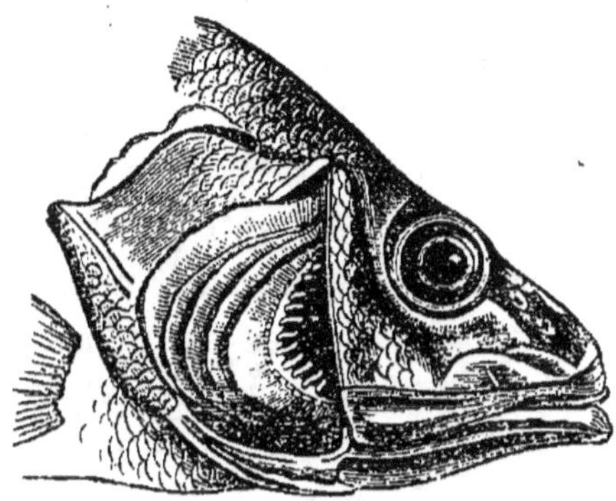

Fig. 67. — Tête de Perche dont un opercule a été enlevé pour laisser voir les quatre arcs branchiaux.

qui présente un renflement appelé bulbe. Le ventricule projette le sang noir dans le bulbe, d'où il passe dans les artères qui le conduisent dans l'appareil respiratoire où il se transforme en sang rouge.

Cet appareil respiratoire est constitué, non par des poumons, mais par des *branchies*. De chaque côté de la tête d'un Poisson, d'une Perche, par exemple (fig. 67), on peut facilement voir deux plaques qui s'abaissent et se soulèvent successivement ; ces plaques sont les *opercules* : elles recouvrent deux fentes qu'on appelle les *ouïes* et qui sont les ouvertures des cavités où se trouvent les branchies. Il suffit de soulever l'un de ces opercules pour voir quatre arcs, dits *arcs branchiaux*, portant chacun une double rangée de lamelles rouges qui sont les branchies. Le sang noir, arrivant dans les capillaires répandus à l'intérieur de ces lamelles, se trouve seulement séparé de l'eau qui les environne par de fines membranes. A travers ces membranes, l'oxygène qui est dissous dans l'eau pénètre dans le sang, tandis que l'anhydride carbonique que contient ce dernier est rejeté dans l'eau qui le dissout et l'entraîne. De cette manière le sang noir contenu dans les branchies se transforme peu à peu en sang rouge.

La fermeture et l'ouverture alternatives des opercules détermine un courant d'eau continu, arrivant par la bouche, sortant par les ouïes et passant par les chambres branchiales où se trouvent les branchies ; ce courant assure une arrivée continue d'oxygène et l'entraînement régulier de l'anhydride carbonique.

Une sorte de poche pleine d'air, la *vessie natatoire*, communique généralement avec l'appareil digestif ; elle facilite aux Poissons leur déplacement dans l'eau, de bas en haut et de haut en bas. Le volume de cette poche peut, en effet, être modifié par certains muscles, et par suite, le poids spécifique de l'animal se trouvant changé, il lui devient facile de descendre ou de monter dans l'eau où il évolue.

Les membres sont, chez les Poissons, transformés en *nageoires*. Les membres antérieurs sont remplacés par les *nageoires pectorales*, les membres postérieurs sont représentés par les *nageoires abdominales*. En outre de ces organes natatoires pairs provenant de l'adaptation des membres à la vie aquatique, les Poissons présentent encore trois sortes de nageoires impaires qui sont constituées par des membranes renforcées de lamelles osseuses ou cartilagineuses ; ce sont : une nageoire dorsale située sur le dos de l'animal, une nageoire anale placée à la partie inférieure du corps en arrière, enfin une nageoire caudale qui termine le corps dans sa région postérieure.

La bouche présente de nombreuses dents fines, insérées sur les mâchoires, sur divers os de la bouche et même sur la langue.

Applications des Poissons. — Les Poissons tiennent une place importante dans l'alimentation de l'homme ; en passant en revue les applications de ce groupe d'animaux, nous aurons donc à parler de leur chair en nous plaçant au point de vue alimentaire. Nous nous occuperons ensuite des méthodes qui ont été instituées par l'homme pour s'assurer un approvisionnement suffisant en Poissons appartenant aux diverses espèces comestibles ; cette partie correspondra à peu près, dans ce chapitre consacré aux Poissons, à l'élevage qui a été traité dans le chapitre réservé aux Oiseaux. On appelle *pisciculture* l'industrie qui a pour but d'exploiter les eaux pour la production, l'élevage et l'engraissement des Poissons, de même que *l'aviculture* est l'industrie qui s'occupe de la production, de l'élevage et de l'engraissement des Oiseaux.

En outre, nous dirons quelques mots de certains produits de moindre importance que nous devons aussi aux Poissons : huiles, œufs, etc.

1. — Chair des poissons.

La chair des Poissons, bien qu'elle soit moins nutritive que la viande de boucherie, constitue un de nos principaux aliments, et, dans certaines contrées, elle fait la base de l'alimentation.

On classe les Poissons en deux catégories au point de vue des qualités nutritives et digestives de leur chair : ce sont les Poissons *à chair maigre*, et les Poissons *à chair grasse*.

Nous citerons comme exemples des premiers : le *Merlan*, la *Sole*, la *Limande*, le *Turbot*, la *Truite*, la *Perche*, etc. Ces Poissons ont une faible valeur nutritive, mais sont d'une digestion très facile, et leur chair est dite *maigre* en raison de ses qualités plus digestives que nutritives.

Les Poissons à chair *grasse*, au contraire, fournissent un aliment plus nutritif, mais moins léger, et beaucoup plus difficile à digérer : ce sont : l'*Anguille*, le *Saumon*, le *Maquereau*, la *Lamproie*, le *Hareng*, le *Thon*, la *Sardine*, le *Congre*, etc.

Nous allons maintenant passer en revue les diverses espèces de Poissons alimentaires

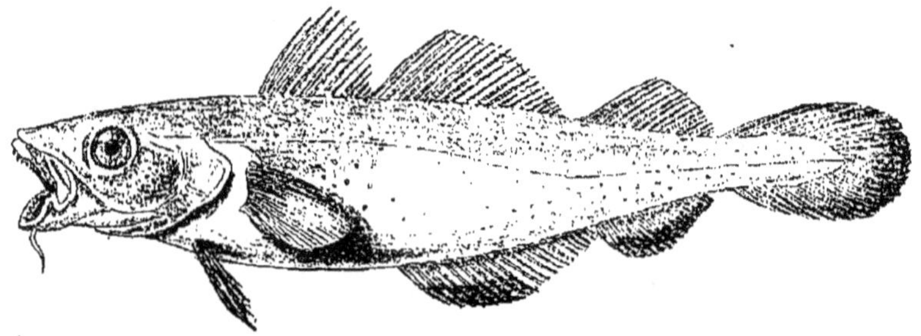

Fig. 68. — Morue.

Poissons marins. — Morue. — La Morue (fig. 68), ou Cabillaud, habite les mers du Nord, où elle séjourne sur des plateaux sous-marins appelés *bancs* ; on l'y trouve en très grande abondance, surtout au printemps, au moment de la ponte des œufs. Sa taille peut atteindre 1 mètre de longueur. Elle est reconnaissable à ses grandes nageoires molles et au barbillon qui pend à sa mâchoire inférieure. On ne la rencontre pas près de nos côtes, mais des expéditions importantes de pêches maritimes ont lieu dans les mers d'Islande et dans la mer du Nord, sur les bancs de Morue situés entre les îles françaises de Saint-Pierre et Miquelon et l'île de Terre-Neuve.

La Morue se mange soit salée et en conserves, soit à l'état frais sous le nom de Cabillaud.

Hareng. — Le Hareng, dont la forme et l'aspect sont bien connus, vit habituellement dans les mers du Nord, et s'aventure chaque année dans la Manche, où on le pêche non loin des côtes. C'est par bandes immenses que ce Poisson effectue cette migration régulière ; aussi le pêche-t-on en très grande quantité, et, comme la Morue, il peut être conservé facilement.

Sardine. — La Sardine est un poisson plus petit que le Hareng. Elle est très appréciée à l'état de conserve ; on la mange aussi à l'état frais. C'est encore par grandes quantités qu'on la pêche, mais les bancs de sardines se déplacent plus souvent que les bancs de morues ou de harengs, et la pêche de la sardine varie beaucoup suivant les années. On la trouve sur les côtes de Bretagne principalement, mais il existe des pêcheries de sardines depuis la Bretagne jusqu'au golfe de Gascogne. On pêche aussi la sardine sur le littoral de la Méditerranée.

Maquereau. — Le Maquereau (fig. 69), poisson de taille moyenne, reconnaissable à la belle coloration bleue des marbrures de son dos, est pêché dans la Manche où on le trouve surtout entre avril et juillet ; on le pêche encore sur le littoral méditerranéen, dans l'océan Atlantique et dans les mers d'Islande.

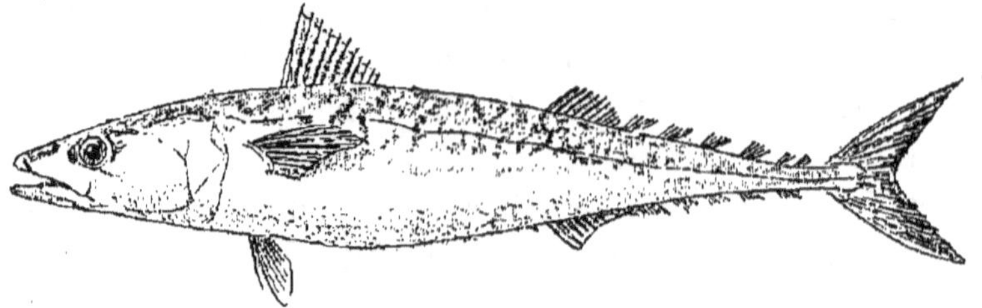

Fig. 69. — Maquereau.

Thon. — Le Thon (fig. 70) est un grand poisson qui vit dans les eaux de la Méditerranée ; il peut atteindre 5 mètres de longueur. On le mange frais ou conservé ; on pêche près du golfe de Gascogne une sorte de thon appelé *Germon*.

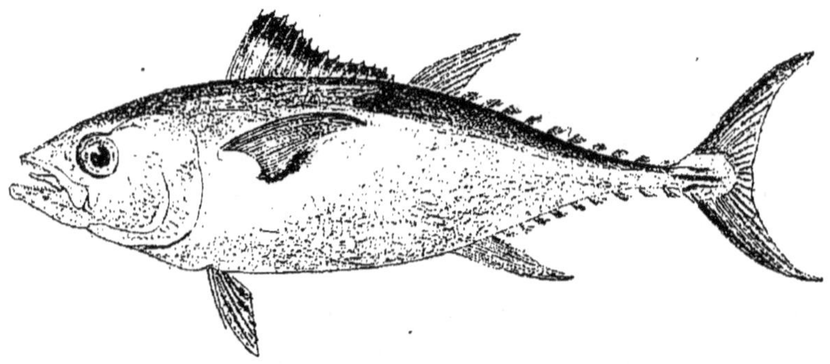

Fig. 70. — Thon.

Saumon. — C'est un poisson de grande taille, qui peut atteindre le poids de 40 kilogrammes ; il vit ordinairement dans la mer, mais remonte le cours des fleuves au moment de la ponte des œufs, et c'est aux embouchures qu'on le pêche le plus souvent.

La pêche du saumon se pratique en France, aux embouchures de la Loire, de la Dordogne et de l'Adour.

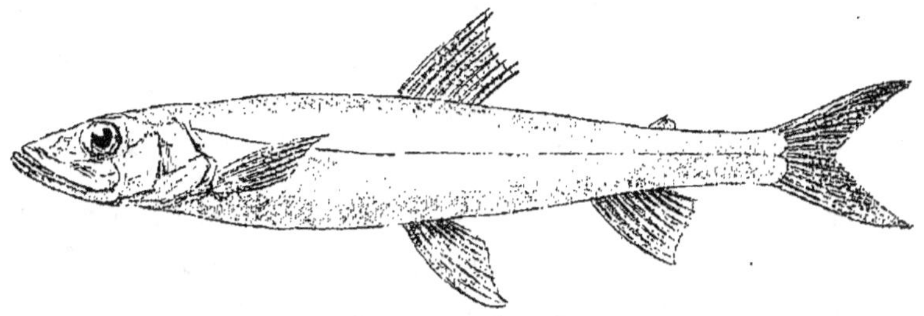

Fig. 71. — Éperlan.

Anchois. — On trouve l'Anchois dans les mêmes régions marines que la Sardine ; c'est un poisson de petite taille, mais d'un goût excellent sous forme de conserve.

On le pêche surtout sur le littoral de la Méditerranée, à Port-Vendres et à Antibes.

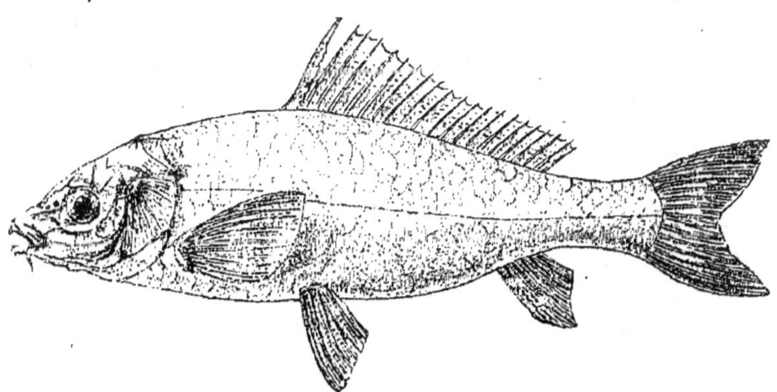

Fig. 72. — Carpe.

Éperlan. — L'Éperlan (fig. 71) est un petit poisson à chair très délicate, et qui remonte parfois de la mer à l'estuaire des fleuves ; on le pêche sur les côtes ouest de la France.

Poissons d'eau douce. — Carpe. — La Carpe (fig. 72) est acclimatée depuis très longtemps dans les eaux de nos fleuves et de nos étangs ; elle vit même dans les pièces d'eau stagnante et vaseuse, et s'engraisse facilement, jusqu'à peser en peu d'années 2 ou 3 kilogrammes ; elle peut atteindre 50 centimètres de longueur. Sa chair est assez appréciée.

Perche. — La Perche se rencontre aussi bien dans les rivières que dans les étangs ; elle atteint parfois 40 centimètres de long ; ses nageoires sont épineuses, de couleur rouge, et elle porte sur le dos plusieurs bandes brunes. C'est un poisson dont la chair est blanche et fine et qui se nourrit exclusivement d'autres poissons ; aussi vient-il parfois à bout de dépeupler complètement certains lacs ou certains étangs.

Anguille. — L'Anguille est un poisson dont la forme particulière, analogue à celle des serpents, est bien connue. Sa peau est recouverte d'un enduit qui dissimule les écailles, et la nageoire dorsale, à peine proéminente, se prolonge sur toute la longueur du corps jusqu'à rejoindre la nageoire caudale. L'Anguille est très commune en France, dans les fleuves, qu'à l'inverse du Saumon elle descend jusqu'à la mer pour pondre ses œufs. Cette particularité a été longtemps mal connue ; lorsque les très jeunes Anguilles remontent pour la première fois un cours d'eau, elles ont un aspect tout différent de celui de l'Anguille adulte, si bien qu'on les avait autrefois classées dans un genre distinct.

L'Anguille ne peut se reproduire en eau douce. Elle se nourrit de poissons. Elle peut atteindre 1^m,50 de longueur. On la pêche fréquemment, et sa chair est très appréciée.

Brochet. — Le Brochet (fig. 73) est extrêmement carnassier et c'est l'ennemi le plus terrible de tous les jeunes poissons; il dépeuplerait vite les cours d'eau si on n'avait soin de l'empêcher de se multiplier trop rapidement. Il peut atteindre et même dépasser la

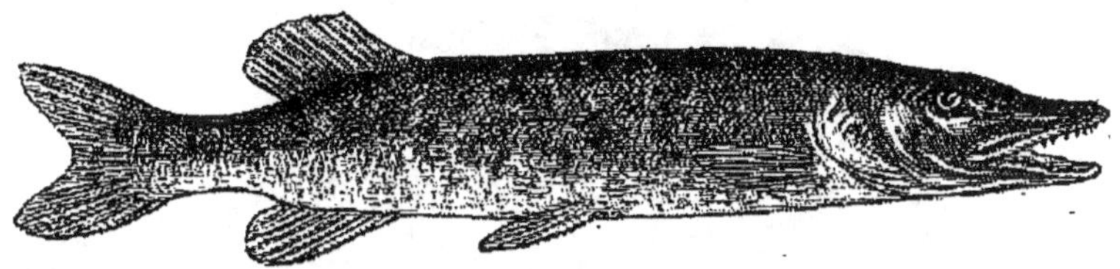

Fig. 73. — Brochet.

taille de 1 mètre de long, et le poids de 40 kilogrammes. Sa chair est excellente.

Truite. — La Truite est un joli poisson aux écailles argentées, dont le corps est parsemé de petites taches rouges arrondies. Elle supporte mal la chaleur et c'est le seul poisson qui puisse vivre dans les eaux de montagne à de hautes altitudes. La coloration de sa chair dépend entièrement de la façon dont la Truite se nourrit, et des eaux où elle vit. Elle est tantôt blanche si elle se nourrit de poisson, tantôt rose quand elle ne mange que de petits crustacés. Quand les Truites adultes ne rencontrent pas d'autres poissons dans leurs eaux, elles se nourrissent de jeunes Truites et l'espèce en arrive à se détruire elle-même.

Brême, Chevaine, Gardon, Goujon. — La Brême, (fig. 74) poisson reconnaissable à la forme aplatie de son corps, vit comme la Carpe, dans les eaux peu rapides.

Le Chevaine, connu dans certaines régions sous le nom de *Meunier*, et le Goujon, aiment les eaux vives et courantes. Ces animaux, ainsi que le Gardon, sont des poissons qu'on pêche généralement à la ligne dans nos rivières et que l'on mange en friture.

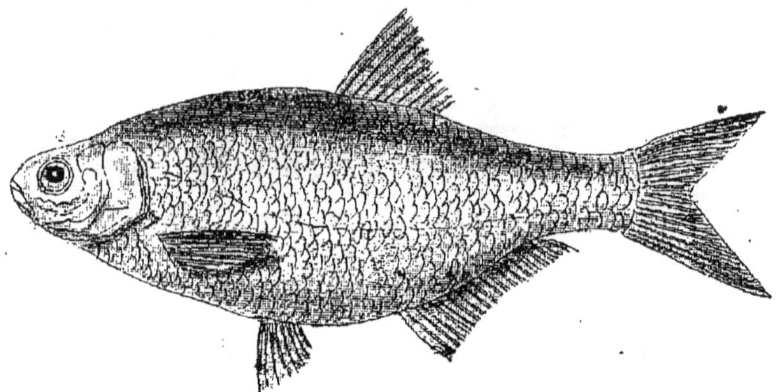

Fig. 74. — Brême,

Alose. — Nous terminerons cette liste en nommant encore l'Alose, poisson dont l'espèce se rapproche beaucoup du Hareng, et qui, vivant dans les eaux

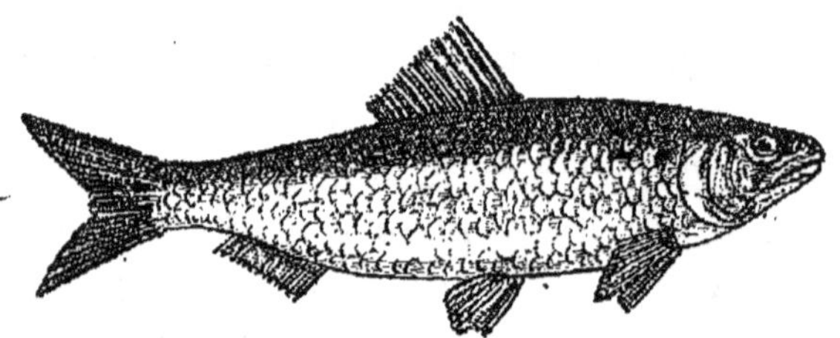

Fig. 75. — Alose

de mer, remonte ensuite nos fleuves et nos rivières où on le pêche très fréquemment (fig. 75).

Conservation des Poissons. — On conserve quelque temps le poisson à l'état frais en l'entourant de glace ; c'est ainsi qu'il est transporté à de grandes distances et ensuite conservé chez les marchands jusqu'à la vente. Mais il existe des procédés qui permettent de conserver le poisson pendant un temps très long, et d'une façon presque inaltérable.

Ce sont : 1º la dessiccation ; 2º la salaison ; 3º la stérilisation ; 4º le fumage.

Dessiccation. — On n'emploie guère ce procédé de conservation que pour la Morue. Après l'avoir salée sur place, on la transporte à terre ; là, elle est lavée à l'eau de mer, puis égouttée et exposée à l'air sur des séchoirs spéciaux. La dessiccation est achevée quand la chair du poisson est devenue rigide. Les Morues sèches sont ensuite mises en balles ou *boucauts*.

Salaison. — On sale la Morue, l'Anchois, le Maquereau, le Hareng, la Sardine. Pour saler la Morue, on ouvre le poisson, on retire les viscères et la tête et on fend le corps dans sa longueur pour retirer les arêtes, puis on le place entre deux couches de sel pour en extraire l'eau; c'est ce qu'on appelle *morue verte*, par opposition à *morue sèche*. Cette première salaison, faite sur place, doit être suivie d'une autre plus complète et de la mise en barils.

On sale également, pour les conserver, les langues de Morue, qui constituent un mets très apprécié. Les Sardines de qualité inférieure sont généralement salées.

Le Hareng salé est connu sous le nom de hareng blanc. On le *caque*, c'est-à-dire qu'on lui ôte les viscères et les branchies, puis on le sale, d'abord à sa sortie de la mer, et ensuite en barils. L'Anchois, dépouillé de la tête et des intestins, est conservé après avoir été mariné dans la saumure.

Stérilisation. — On conserve dans de l'huile
d'olive la Sardine, l'Anchois, le Thon et le Maquereau, mais la plus importante de ces conserves au
point de vue industriel est celle de la Sardine. Voici
comment on pratique ce genre de préparation.
Les sardines, pêchées en très grande quantité à une
certaine distance des côtes, sont conservées d'abord
dans le sel jusqu'au moment où on les amène sur la
rive. Là, on les lave, on les sale de nouveau après
avoir retiré les têtes et les intestins, puis on les fait
sécher et on les fait baigner pendant cinq minutes
dans de l'huile d'olive très chaude. Retirées de cette
huile, elles sont rangées dans des boîtes de fer-blanc
que l'on remplit encore d'huile d'olive, et dont on
soude le couvercle. Ces boîtes sont alors soumises
à une haute température sous pression, et peuvent
ensuite se conserver ainsi fermées pendant un temps
extrêmement long. On conserve ainsi en boîtes ou
en flacons à couvercles soudés des sardines, des harengs et des maquereaux marinés.

Fumage. — Les poissons que l'on conserve fumés
sont la Sardine, le Hareng et le Saumon. Ces poissons,
d'abord salés, sont ensuite exposés à la fumée pendant un certain nombre d'heures. On allume à cet
effet de grands feux constitués uniquement par du
bois vert, de manière à produire beaucoup de fumée.
Le hareng est fumé pendant cinq ou six jours de
suite dans des chambres ou fours spéciaux. On arrête
l'opération, puis on recommence une seconde fois de
la même façon. Le hareng fumé est vendu sous le
nom de *hareng saur*.

2. — Œufs.

Les œufs de certains poissons sont préparés et conservés comme aliment sous le nom de *caviar*. Le caviar est fait le plus souvent avec des œufs d'Esturgeon, poisson de mer qui remonte dans les eaux douces par l'estuaire des fleuves. Ce poisson est surtout abondant en Russie où a lieu la fabrication du caviar. Dans certaines contrées, on fait une sorte de caviar avec les œufs de Brochet, qui ont pourtant, non préparés, des propriétés plutôt toxiques.

Enfin, les œufs de Morue sont conservés sous le nom de *rogue* pour servir d'appât dans la pêche de la Sardine.

3. — Ecailles.

Des écailles de la Morue on peut extraire de la gélatine, dont nous parlerons plus en détail dans le

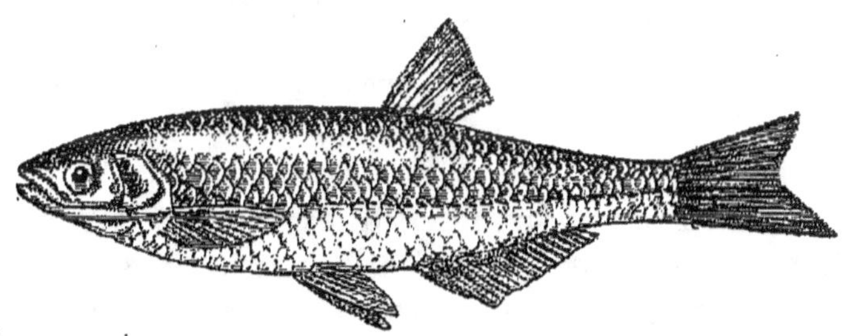

Fig. 76. — Ablette.

chapitre qui terminera l'étude des Vertébrés utilisés dans l'industrie.

Un petit poisson très commun dans nos cours d'eau, l'Ablette (fig. 76), est utilisé pour un produit spécial de ses écailles. Les écailles de l'Ablette, réduites en poudre entre les doigts après avoir subi un lavage, sont ensuite passées au tamis fin, et forment alors ce qu'on appelle l'*essence d'orient*. On la conserve dans l'alcali et on l'emploie dans la fabrication des fausses perles. Nous parlerons de cette industrie à propos de la colle de poisson, dans le chapitre qui traite des huiles, des graisses et des colles.

4. — **Peaux.**

Les peaux de certains poissons sont utilisées de diverses manières dans l'industrie. Plusieurs servent à polir le bois, l'ivoire et les métaux, grâce à leur

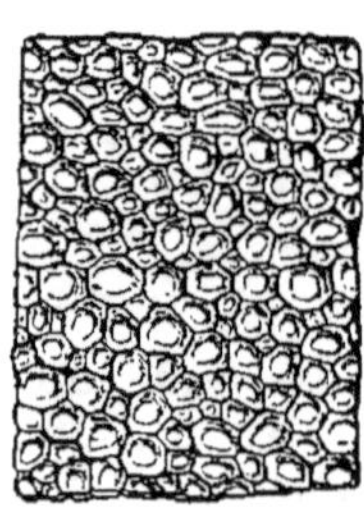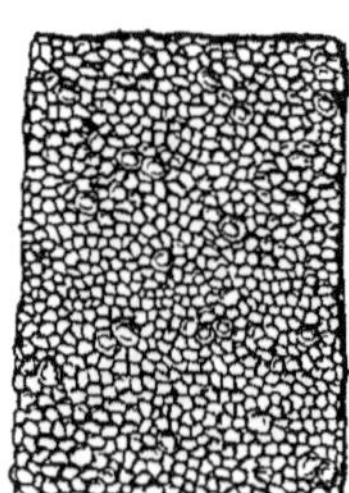

Fig. 77. — Galuchats. A gauche, galuchat à gros grains ; à droite, galuchat à petits grains.

dureté et aux tubercules que présente leur surface ; d'autres servent à confectionner un grand nombre de petits objets (fourreaux, étuis, porte-monnaie, etc.). Un grand nombre de ces peaux sont désignées dans le commerce sous le nom de *peaux de galuchat* ou plus simplement sous le nom de *galuchat*. Il en existe deux variétés courantes : le galuchat à gros grains fourni par des Raies, et le galuchat à petits grains fourni par des Squales.

5. — **Pêche.**

La chair des poissons étant d'un appoint considérable à l'alimentation de l'homme, et d'importantes expéditions étant organisées en mer chaque année pour se procurer la plupart d'entre eux, on ne peut guère passer sous silence les moyens de capture employés dans ce but. Nous allons citer les principaux.

Pêche marine. — Nous parlerons en premier lieu de la pêche la plus difficile et la plus longue de toutes, celle de la Morue. Elle a lieu chaque année à de grandes distances de la côte française ; les expéditions organisées dans ce but enrôlent des matelots très longtemps à l'avance et arment des goélettes à Fécamp et à Granville, pour la Normandie, à Saint-Malo et à Cancale, pour la Bretagne. Ces goélettes vont, les unes jusqu'en Islande, les autres à Terre-Neuve, entre l'île de Terre-Neuve et les îles Saint Pierre et Miquelon. En Islande, la pêche dure de mars à septembre, à Terre-Neuve d'avril à août, et le plus souvent pendant tout ce temps les pêcheurs ne peuvent presque jamais descendre à terre. Chaque goélette, ayant atteint un banc de morues, détache de petites embarcations appelées *doris* montées par deux hommes.

Les pêches analogues à celle de la Morue, effectuées en des mers lointaines, qui durent de cinq à six mois et sont presque toujours uniquement consacrées à la capture des poissons, forment ce qu'on appelle les *grandes pêches*. D'autres, qui ont lieu à une faible distance des côtes ou sur les côtes mêmes constituent les *pêches côtières*.

La pêche côtière qui a lieu dans la Manche et la mer du Nord a pour but la capture du Hareng, faite principalement par des pêcheurs de Boulogne, de Saint-Valery-en-Caux, et de Fécamp ; et celle du Maquereau que l'on pêche jusqu'au voisinage des côtes anglaises. Les pêcheurs de Bretagne et de toute la côte ouest jusqu'au golfe de Gascogne se livrent à la pêche de la Sardine, qui a lieu dans l'Océan Atlantique à une distance très variable de nos côtes.

L'Anchois est capturé dans l'Océan et surtout sur le littoral de la Méditerranée par les pêcheurs de Provence. Enfin on capture sur toutes nos côtes beaucoup d'autres espèces de poissons de mer dont la pêche et la conservation sont de moindre importance industrielle.

Nous allons passer en revue les engins les plus usités dans ces diverses pêches, et nous dirons ensuite quelques mots sur la pêche en eau douce et ses procédés.

En mer, on se sert d'appâts pour attirer le poisson, ou bien de filets. Les appâts sont montés sur des lignes qu'on laisse flottantes ou que l'on attache à des embarcations douées d'une vitesse plus ou moins grande. Ainsi, pour la pêche de la morue, on se sert de lignes à la main et de lignes de fond appelées *palancres*, amorcées tantôt avec des poissons tels que le Flétan, tantôt avec des mollusques tels que le Calmar, tantôt avec des morceaux de chair de Requin ou Squale.

Pour la pêche du Maquereau, les lignes amorcées sont tirées rapidement par les embarcations auxquelles elles sont attachées.

En Islande, pour la pêche de la Morue, on se contente de laisser glisser les barques à la dérive.

Les filets sont de plusieurs sortes ; sur les rivages
mêmes on en installe de fixes, tendus sur des pieux.
La marée les couvre et les découvre, y laissant le poisson *maillé* c'est-à-dire pris par les ouïes dans les ouvertures du filet, ces ouvertures devant toujours être en
rapport avec les dimensions du poisson à capturer.

Fig. 78. — Pêche du Hareng.

Des filets fixes sont même tendus assez loin en
mer, et disposés de façon à retenir le poisson au
moyen du flux et du reflux. Les filets flottants sont
employés en pleine mer, et sont maintenus verticaux au moyen de plombs attachés de loin en loin
à leur base, et de lièges attachés en haut. Ils cernent
les bancs de poissons, et se referment peu à peu de
façon à les envelopper complètement.

Un des plus communément employés est appelé
senne, et on l'utilise pour la pêche de la morue de

Terre-Neuve. Avec ces filets flottants, on pêche aussi le Hareng (fig. 78), la Sardine, l'Anchois, le Maquereau. Quelquefois même on joint les appâts aux filets, pour la pêche de la Sardine par exemple. La sardine est généralement attirée, comme nous l'avons dit plus haut, par les œufs de morue conservés sous le nom de *rogue* et que les pêcheurs jettent à la mer comme appât. Enfin les *chaluts*, très employés dans les pêches marines, sont des filets en forme de larges poches qui entraînent brusquement le poisson qu'elles rencontrent en râclant le fond de la mer ; on appelle *chalutiers* les embarcations auxquelles ils sont attachés, et, pour les traîner avec plus de vitesse, on emploie souvent des bateaux à voile ou à vapeur.

Dans la Méditerranée, l'Anchois est pêché d'une façon assez particulière ; c'est ce qu'on appelle la *pêche au feu*. Sur des bateaux, pendant la nuit, sont allumés et entretenus des feux de branches résineuses qui attirent les poissons. Dès que des bandes entières d'Anchois se sont approchées de ces bateaux, des pêcheurs à l'affût dans d'autres embarcations placent des filets autour des masses de poisson, de façon à les entourer complètement. Puis on éteint les feux, on agite l'eau pour effrayer le poisson et le faire fuir vers les filets où il s'emmaille.

Pêche en eau douce. — Cette pêche n'étant pas très importante en France au point de vue de l'alimentation en général, nous n'en dirons que quelques mots.

La pêche à la ligne se pratique couramment en eau douce. La ligne, munie d'un hameçon, d'un appât et d'un bouchon appelé flotteur, est fixée à une

longue canne que le pêcheur manœuvre à la main. On
amorce l'hameçon avec des vers de vase, des larves
d'insectes, ou encore de petits poissons vivants ou
artificiels. Mais on ne peut prendre un grand nombre
de poissons par ce procédé qui exige pourtant beaucoup de patience et d'habileté.

La pêche au filet se pratique dans les étangs et
les cours d'eau sous la surveillance des lois ; c'est-à-
dire que l'on interdit dans la plupart des rivières de

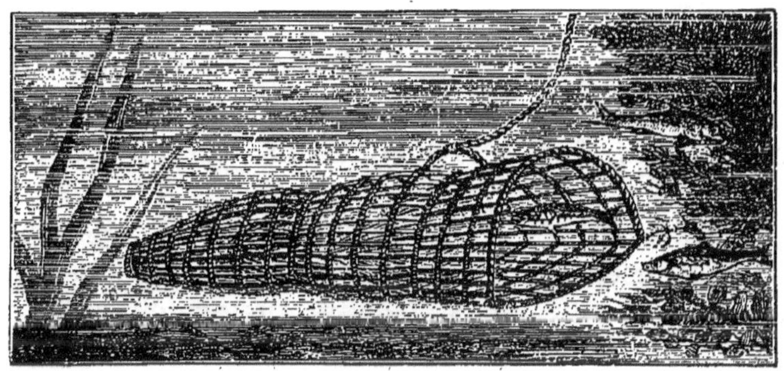

Fig. 79. — Nasse.

se servir de filets qui capturent une trop énorme
quantité de poisson à la fois. On interdit de même
certains procédés de pêche tels que la pêche à la
dynamite qui dépeuplerait les eaux en un instant,
et l'empoisonnement des cours d'eau, qui serait
mortel pour les hommes et pour les animaux.

La senne dont nous avons parlé à propos de la pêche
en mer est parfois employée dans les rivières qu'elle
barre entièrement, enveloppant le poisson dans un
filet qui se referme peu à peu. Les autres filets
employés en eau douce sont l'*épervier*, à large ouverture garnie de plombs, le *carrelet*, filet rectangu-
laire, maintenu en forme de poche, le *verveux*, qui

affecte la forme d'un entonnoir, la *nasse* (fig. 79),
qui est un piège en osier, et enfin le *trouble* ou *trou-*
bleau, petit filet en forme de poche pendante maintenue ouverte à l'extrémité d'une fourche de bois,
et qui sert le plus souvent à prendre le poisson mis
en réserve dans les viviers peu profonds.

6. — **Pisciculture**.

On appelle pisciculture l'ensemble des méthodes
employées pour la conservation, la multiplication
et l'amélioration des différentes espèces de poissons
comestibles ainsi que l'application pratique de ces
méthodes.

La pisciculture ne s'occupe guère que des poissons
d'eau douce, bien que divers essais, dont nous parlerons plus loin, aient été faits quelquefois aussi en
eau de mer.

Plusieurs moyens peuvent être employés dans le
but d'augmenter le nombre des poissons utiles de
nos étangs, de nos lacs, et de nos cours d'eau. Nous
parlerons en premier lieu de ceux qui consistent
seulement à favoriser la reproduction naturelle, et
à protéger les poissons ainsi que leurs œufs.

Les poissons ont l'habitude de déposer leurs œufs,
qu'on appelle aussi *frai*, soit sur le fond même de
l'eau, soit sur les plantes aquatiques des rives.
Comme ces œufs sont extrêmement nombreux
(une carpe peut en produire 600.000) leur éclosion
devrait réempoissonner bien vite un étang ou même
un cours d'eau, et il semblerait qu'il n'y ait pas lieu
de se préoccuper d'augmenter artificiellement le
nombre des poissons.

Mais, sur cette grande quantité d'œufs, très peu arrivent à éclosion et nous allons voir pourquoi.

Causes du dépeuplement des rivières. — Nos cours d'eau contenaient tous autrefois un très grand nombre de poissons, et aujourd'hui quelques espèces seulement peuvent y vivre.

C'est que jadis les rivières et les fleuves étaient moins utilisés qu'ils ne le sont aujourd'hui pour la navigation. Les progrès accomplis en ce sens sont en effet très nuisibles au développement des poissons.

La navigation très rapide (bateaux à vapeur, canots automobiles) produit des remous considérables qui ont pour résultat de secouer et d'arracher toutes les plantes aquatiques et de les rejeter sur les rives, ce qui détruit tous les œufs qu'elles peuvent porter à leur surface. De plus, le passage des bateaux à vapeur, en déplaçant le fond des cours d'eau ou en le bouleversant par l'agitation des vagues, écrase et disperse tous les œufs déposés sur le fond de sable ou de gravier. En premier lieu, nous citerons donc la navigation comme une des principales causes de dépeuplement. Il faut y joindre les travaux d'irrigation qui déversent dans les prés, avec l'eau des rivières, une grande quantité de jeunes poissons qui restent bientôt à sec et périssent. Les dragages, les canaux, les digues construites sur beaucoup de rives, détruisent la végétation aquatique dont se nourrissent un grand nombre de poissons, et par conséquent privent de leurs proies habituelles même les espèces carnassières qui vivent aux dépens des espèces végétariennes.

Beaucoup de poissons des fleuves sont aussi décimés par le déversement toujours plus énorme

des eaux d'égout provenant des grandes villes, par
les produits toxiques rejetés hors d'innombrables
usines : chlore, tannin, alcalis, acides, plomb, etc.,
provenant des blanchisseries, papeteries, teintu-
reries, établissements miniers, etc. Certaines rivières
du département du Nord ne contiennent plus, de
ce fait, un seul poisson.

Une autre cause importante de dépeuplement
c'est le braconnage de la pêche, surtout dans les
rivières qui ne sont ni flottables, ni navigables, et
qui, par conséquent, sont moins rigoureusement
surveillées.

La pêche en saison prohibée, ou pratiquée avec des
engins interdits, a lieu assez souvent dans nos cours
d'eaux pour être une cause sérieuse de destruction
des poissons. De plus, dans presque toutes les rivières, on fauche les herbes aquatiques qui pourraient
entraver la navigation ; c'est encore une pratique
très nuisible aux poissons de certaines espèces
qui ont l'habitude d'y frayer, et dont les œufs ne
peuvent se développer s'ils ne sont agglutinés aux
végétaux. Enfin, les meilleures espèces de poissons,
qui font partie des Salmonides, ont coutume de remonter le cours des fleuves chaque année pour venir
se reproduire en eau douce, ce qui devrait nous procurer une grande quantité de Truites et de Saumons.
Malheureusement le nombre des barrages et des
écluses a augmenté dans de telles proportions que les
poissons migrateurs, capables de franchir par bonds
deux ou trois barrages successifs, renoncent à tous
les efforts qu'il leur faudrait faire pour en franchir
un nombre trop considérable, ou s'épuisent à le
tenter sans y parvenir. De plus, les Saumons, qui
sautaient assez facilement les petits barrages des

moulins à eau, ne peuvent plus franchir certaines barrières trop élevées.

Dans la Dordogne, le Lot, la Creuse, etc., le trop grand nombre d'écluses s'est opposé ainsi à la remonte du Saumon. Il en est de même pour les rivières de Bretagne, naturellement très favorables à cette espèce.

Un autre inconvénient des barrages c'est de ralentir le courant des rivières rapides qui alors ne conviennent plus aux Truites et aux Saumons.

Maintenant que nous avons énuméré les causes de la diminution ou de la destruction de beaucoup de nos poissons d'eau douce, nous allons exposer les différents moyens que l'on a imaginés pour y remédier.

Frayères artificielles. — Certaines familles de poissons, comme les Cyprinides (Carpe, Brême,

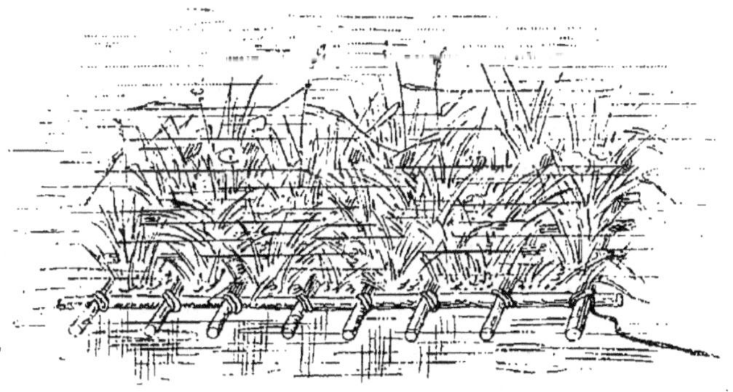

Fig. 80. — Frayère artificielle.

Ablette, Tanche, etc.). déposent leurs œufs, qui sont collants, sur des herbes aquatiques où ils s'agglutinent, et nous avons vu que ces œufs, par suite des remous de la navigation et du fauchage ou *faucardage* des cours d'eau, sont très exposés. On a donc eu l'idée d'établir pour ces poissons des frayères artificielles, soit sur les rives, généralement celles qui sont exposées au soleil et sur lesquelles les femelles pondent le plus volontiers, soit au milieu du courant pour d'autres espèces. Ces frayères artificielles peuvent être composées de caisses remplies de terre et de plantes aquatiques ; ou bien encore de claies en bois ou en osier dont les lattes transversales sont recouvertes d'herbages ou de branchages fins (fig. 80) : on place ces claies verticalement dans l'eau, le long des rives, où elles sont amarrées à des pieux. On établit aussi sur le fond des rivières de petits fagots de bouleau, de jonc, ou de bruyère sur lesquels les poissons viennent déposer leurs œufs. Mais il est nécessaire de choisir, pour établir ces frayères, les endroits les moins exposés au courant et aux remous, et de les disposer suffisamment à l'avance pour que les poissons aient le temps de s'y accoutumer avant l'époque de la ponte. Les poissons qui pondent l'hiver, comme les espèces de la famille des Salmonides (Truite, Saumon) déposent généralement leurs œufs sur un lit de gravier ou de sable. On leur prépare des frayères artificielles en apportant du gravier là où il ne s'en trouve pas, et en creusant un peu le fond des ruisseaux pour les engager à y pondre. En général on tâche de laisser la plus grande tranquillité au poisson dans les endroits où l'on a préparé ces frayères artificielles, et on se préoccupe aussi de protéger les œufs par des abris disposés contre leurs ennemis naturels (oiseaux aquatiques, rats d'eau, etc.).

Réserves construites pour la protection des

poissons. — Devant les dommages subis par le frai au moment de la baisse des eaux, dans les canaux par exemple, les pisciculteurs ont proposé d'établir le long de ces canaux ou sur le bord de certains affluents des retraites ou *réserves* construites pour servir de refuge au poisson et d'abri aux œufs.

Epuration et assainissement des eaux. — Pour chercher à atténuer l'effet du déversement des eaux d'égout dans les rivières, à Paris par exemple, on fait couler d'abord ces eaux dans des champs d'épandage où elles se purifient en partie. On a obtenu ainsi une amélioration relative. D'autre part, des arrêtés préfectoraux ont obligé certaines usines à purifier et à refroidir les liquides toxiques qu'elles rejettent dans les rivières ; mais dans la plupart des cas, on ne peut mettre en pratique d'une façon bien efficace ces épurations, auxquelles les industriels peuvent toujours objecter les dépenses qu'elles nécessitent. Pourtant, dans beaucoup de cas, on pourrait tout au moins opérer ces déversements dans les rivières d'une façon plus lente, de manière à diluer aussitôt les substances nuisibles dans l'eau, et à ne pas former au milieu des cours d'eau un courant indépendant qui propage parfois à 20 kilomètres de son origine l'action toxique de son contenu.

Lutte contre le braconnage. — Le meilleur remède au braconnage des rivières et des pièces d'eau est une surveillance rigoureuse ; d'excellentes lois ont été promulguées en vue de la protection du poisson, mais la plupart du temps, des pêcheurs et des braconniers les enfreignent. Contre le braconnage,

divers moyens peuvent encore être employés en dehors
de la surveillance des gardes-pêche ; pour gêner les
braconniers qui se servent de filets traînant le long
des cours d'eau, on plante des arbres serrés ou des
pieux. On laisse flotter aussi dans le but de déchirer
ou d'arrêter les filets, là où il est interdit d'en lancer,
des barils hérissés de pointes, ou des fagots épineux
maintenus au fond par une pierre.

On aménage aussi sous l'eau des galeries pour
servir d'abris au poisson.

Echelles à poissons. — Nous avons parlé plus
haut des obstacles de plus en plus nombreux opposés
par les barrages des rivières à la remonte annuelle
des poissons migrateurs venus de la mer, comme le
Saumon et l'Alose. Nous parlerons ici du système
employé pour permettre le passage de ces poissons
malgré les obstacles des chutes d'eau.

L'Ecossais Smith, en 1828, eut l'idée de construire
à côté de chaque chute d'eau, en profitant d'une
partie du courant, une sorte d'échelle avec des
gradins destinés à couper la chute liquide en plusieurs
plus petites, que le Saumon peut franchir successivement par sauts jusqu'au sommet du barrage.
Depuis, on a construit plusieurs modèles de ces
échelles à poissons, en modifiant plus ou moins
profondément le système précédent. Le nombre des
modèles qui ont été proposés jusqu'ici est considérable, et il nous serait impossible de les exposer
tous, de même qu'il serait très difficile de dire
auquel on doit donner la préférence, car beaucoup
fournissent d'excellents résultats. Les systèmes
généralement adoptés en France sont des échelles
formées par des auges placées les unes sur les autres

en escaliers. Ces échelles offrent plusieurs inconvénients ; le poisson, obligé de sauter de chute en chute, se fatigue parfois, et en tout cas, il devient si visible pour les braconniers que ceux-ci le cueillent au passage sans difficulté. De plus le débit de la dernière chute qui doit être franchie est trop faible pour y

Fig. 81. — Échelle à poissons.

attirer le poisson qui, par instinct, cherche à franchir le barrage là où l'eau se montre le plus abondante.

On emploie également des échelles constituées par des plans inclinés présentant de place en place des cloisons transversales (fig. 81). Dans ces conditions, le courant d'eau, brisé plusieurs fois en arrivant devant chacune des cloisons, devient assez faible pour permettre aux poissons de franchir les barrages.

L'échelle Mac-Donald (fig. 82) est l'une des plus

rationnelles ; elle est faite d'un plan incliné où l'eau
descend de telle manière qu'elle n'a pas acquis plus
de vitesse au bas de l'échelle qu'au début de la descente. Ce résultat est obtenu par un dispositif assez
compliqué formé de tuyaux horizontaux ouverts aux
deux extrémités, repliés et situés les uns à côté des
autres ; le courant obtenu est perpendiculaire aux

Fig. 82. — Échelle à poisson de Mac Donald.

montants de l'échelle, et un peu creusé en son milieu.
Cette échelle est très pratique à cause du peu de longueur qu'on peut lui donner puisque, si rapide que soit
son inclinaison, le courant de l'eau n'y augmente
pas de vitesse. Les échelles à plan incliné comme
celle de Mac Donald paraissent actuellement les
meilleures, car elles remplissent le plus exactement
les conditions indispensables à ce genre de système :

« 1° Etre facilement accessibles au poisson ;

2° Déverser une quantité d'eau suffisante pour
attirer le poisson ;

3° Ne présenter qu'un courant assez modéré pour que le poisson puisse franchir l'appareil sans difficulté. » (Ch. Atkins.) Mac Donald en ajoute une quatrième : « fournir au poisson un chemin aussi court et aussi direct que possible et simuler le lit d'un ruisseau ».

Multiplication des poissons par la ponte artificielle. — C'est Jacobi, au XVIIIe siècle, qui inventa le procédé de la reproduction artificielle des Pois-

Fig. 83. — Fécondation artificielle.

sons. Mis en pratique par l'inventeur, il donna de bons résultats, mais fut bientôt entièrement oublié.

En France, un simple pêcheur vosgien nommé Remy, réinventa la même méthode avec l'idée de repeupler les rivières de son pays. Il observa la vie des poissons, et parvint à recueillir leurs œufs qu'il faisait ensuite éclore en nourrissant lui-même les jeunes qu'on appelle *alevins* ; puis il rejetait ces nouveaux poissons dans les cours d'eau. Coste fit connaître et répandre cette découverte, qui est maintenant généralement appliquée.

Voici comment procèdent les pisciculteurs quand ils veulent obtenir suivant cette méthode des jeunes poissons en grande quantité.

Ils s'emparent d'un poisson femelle dont les œufs sont mûrs, et, le tenant au-dessus d'un bocal plein d'eau (maintenue à la température qui convient aux œufs suivant l'espèce), ils pressent légèrement sur le corps du poisson pour en faire tomber tous les œufs (fig. 83). Ils font subir le même traitement à un poisson mâle et introduisent ainsi dans le bocal contenant déjà les œufs, la *laite* ou *laitance* du mâle. Ils agitent ensuite l'eau contenànt œufs et laitance et abandonnent le tout au repos. S'il s'agit de poissons dont les œufs se collent aux herbes, on dispose au fond et sur les parois du bocal des herbages aquatiques où les œufs se fixent. En aucun cas, il ne faut accumuler beaucoup d'œufs par couches successives les uns sur les autres, car ils pourraient se gâter.

Transport des œufs de poissons. — Il ne faut pas tenter d'agiter l'eau et de toucher à ces œufs pendant les premiers jours de l'incubation ; mais lorsqu'on voit apparaître à la surface de chaque œuf deux taches noires qui sont les yeux de l'embryon, c'est à ce moment seulement qu'il est possible de manier et de transporter les œufs sans danger. On en profite pour opérer les transports de ces œufs dans le cas où on ne peut continuer l'incubation sur place. Ce transport, effectué à de petites distances, peut être fait au moyen de seaux ou de caisses contenant les œufs et de l'eau ; mais, dès qu'il s'agit d'expédier les œufs assez loin, il est nécessaire de les placer à sec soit dans des seaux de fer-blanc garnis de gravier comme le faisait Remy, soit dans des boîtes de sapin entourées de mousse, ou encore dans des boîtes métalliques de différents modèles.

Incubation artificielle. — Les deux agents importants qui interviennent dans le développement des œufs sont la qualité de l'eau employée, et sa température.

Pour le développement des œufs de Salmonidés, qui éclosent en hiver, comme ceux de la Truite et du Saumon, par exemple, l'eau courante est nécessaire et sa température ne doit pas dépasser 8° centigrade. Pour la plupart des œufs des Cyprinidés, comme ceux de la Carpe et de la Tanche, il faut une eau dormante ayant une température de 18 à 20° centigrade. Quant à la qualité de l'eau, on doit préférer à toutes les eaux celles qui forment le moins de dépôts ; l'eau de source, étant généralement moins sédimenteuse, est la meilleure ; vient ensuite l'eau de rivière.

Jacobi avait inventé, pour disposer les œufs, des caisses à claire-voie à fond de gravier, avec un couvercle fermé et deux extrémités faites d'un grillage serré pour laisser l'eau se renouveler à l'intérieur tout en défendant l'entrée de la caisse d'incubation aux insectes aquatiques qui sont friands des œufs de poissons.

Remy mettait les œufs à éclore, sur un fond de gravier également, dans des caisses métalliques cylindriques dont le couvercle était percé de trous. Ces deux pisciculteurs plaçaient leurs caisses dans le courant des ruisseaux. Ils s'occupaient uniquement des œufs de Truite ou de Saumon, qui éclosent naturellement sur le gravier, dans le lit des ruisseaux à eau vive et froide.

Coste, en perfectionnant l'œuvre de Remy en France, imagina pour ces mêmes œufs de Salmonidés, un système d'incubation dans un courant continu artificiel. Pour cela, il plaçait de petites auges en poterie les unes sous les autres en escalier, sur une table à gradins, et il faisait couler l'eau d'un robinet dans la plus élevée ; l'eau passant de l'une à l'autre de ces auges par de petites cascades, se renouvelait constamment ; les œufs étaient placés sur des claies de verre horizontales fixées à quelques centimètres au-dessous du niveau de l'eau. Ce procédé d'incubation à courant continu offre l'avantage de pouvoir être pratiqué en lieu clos, et sans l'aide d'aucun cours d'eau.

Divers modèles de caisses à incubation existent actuellement et, comme pour les couveuses artificielles dont nous avons parlé plus haut au sujet de l'éclosion des œufs de volaille, il serait impossible de les énumérer tous ici. Disons seulement que ces caisses, lorsqu'elles ne s'alimentent pas au moyen de l'eau d'un robinet, sont placées dans le lit d'un ruisseau ou d'une rigole canalisée à cet effet et dérivant d'un cours d'eau. Un heureux perfectionnement a été ajouté à ces systèmes, c'est celui qui consiste, lorsqu'il s'agit de courant continu provenant d'un robinet, à provoquer dans les auges un courant plongeant. Ce résultat est obtenu en faisant tomber l'eau d'assez haut ; l'eau arrive dans l'auge au voisinage de l'un des bords, le courant formé balaie le fond de l'auge sous les claies où se trouvent les œufs, et remonte ensuite jusqu'à l'autre bord.

De la sorte, l'eau se renouvelle complètement, aucun résidu ne séjourne sur le fond, et les œufs sont « lavés » sans cesse au passage de l'eau comme ils le seraient dans une rivière.

L'éclosion des œufs de Carpe ou de Tanche est obtenue d'une façon beaucoup plus simple que celle qui vient d'être indiquée. Elle se fait dans des tonneaux ou des baquets pleins d'eau à température convenable. L'éclosion des œufs de ces poissons est si rapide que lorsque l'eau employée est très pure, on n'a même pas à la renouveler pendant l'incubation. Les œufs, qui sont collants, sont placés dans l'eau, agglutinés à des fagots de brindilles ou d'herbes aquatiques.

A l'inverse de ce qui se passe pour les œufs de Salmonidés, lesquels craignent une lumière trop directe et qu'on doit pour cette raison généralement abriter de la lumière solaire trop intense, ceux des Cyprinidés doivent pour éclore être exposés sous l'eau aux rayons directs du soleil.

Bassins d'alevinage. — Les tout jeunes poissons nommés *alevins* portent sous le ventre une sorte de poche ou vésicule qui, remplissant le même rôle que le jaune d'œuf pour le poussin avant son éclosion, continue à nourrir seule le jeune poisson. Les jeunes Salmonidés peuvent rester six à sept semaines sans autre nourriture, les jeunes Carpes ou Tanches, deux à trois semaines seulement. Les alevins se nourrissent ensuite de très petits crustacés, puis de vers de vase, etc. On les élève ainsi dans des bassins dits *bassins d'alevinage*, où on ne laisse s'introduire aucun poisson carnassier ; quand les jeunes poissons paraissent assez forts et assez âgés, on ouvre des vannes ou des barrages qui font communiquer ces bassins avec les eaux d'une rivière, d'un fleuve, d'un étang ou d'un lac, et on y lâche les jeunes qui vont repeupler de la sorte les eaux que l'on veut améliorer. C'est le *réempoissonnement*, dernière phase des opérations dont l'ensemble constitue la pisciculture.

VI

HUILES, GRAISSES, SUIFS, COLLES

Il existe certains produits animaux qui sont fournis par plusieurs groupes de Vertébrés à la fois ; c'est ainsi que la graisse, par exemple, peut être extraite des Mammifères aussi bien que des Oiseaux. Nous allons maintenant passer en revue ces divers produits ; leur étude formera un dernier chapitre qui terminera la partie de cet ouvrage relative aux applications des Vertébrés.

Les huiles, les graisses et les suifs sont des corps gras ; ils résultent du mélange de substances telles que la *stéarine*, la *margarine*, l'*oléine*, etc. Nous avons vu, lorsque nous nous sommes occupés du beurre, que ces dernières substances sont des éthers de la glycérine, c'est-à-dire des combinaisons d'acides gras (acide stéarique, acide margarique, acide oléique, etc.) avec la glycérine.

Nous nous occuperons successivement de ces diverses sortes de corps gras, puis nous dirons quelques mots des colles.

1. — **Huiles.**

Les huiles animales, de même que les huiles végétales, sont des corps gras qui se figent par le froid et conservent l'état liquide à la température ordinaire. Une différence facile à mettre en évidence entre ces deux sortes d'huiles, c'est que les huiles animales possèdent toutes ou presque toutes une odeur et une saveur très désagréables qui les rendent impropres à l'alimentation, tandis que les huiles végétales ne possèdent pas ou possèdent à un moindre degré cette odeur et cette saveur désagréables.

Huiles de mammifères. — Parmi les Mammifères dont le corps peut fournir de l'huile, citons le Bœuf, le Cheval, le Mouton, le Porc, la Baleine, le Dauphin, le Cachalot, le Phoque, le Morse et le Marsouin. Parmi les Poissons, citons la Morue, la Raie, le Requin, le Hareng et la Sardine.

Huile de pieds de bœuf. — On extrait des pieds du Bœuf, soit à l'aide de l'eau bouillante, soit à l'aide de la vapeur, une huile très estimée, inodore, sans saveur désagréable, qui rancit très difficilement et ne fige qu'à de très basses températures. A cause de ces propriétés, on l'emploie pour le graissage des mécanismes délicats, dans l'horlogerie par exemple, et pour l'éclairage.

On retire des huiles analogues, mais un peu inférieures, des pieds du Cheval, du Mouton et du Porc ; on se sert souvent de ces dernières huiles pour falsifier l'huile de pieds de bœuf.

Huile de suif. — L'huile de suif est un produit secondaire, provenant de la fabricaton des bougies ; c'est une huile de couleur brune ; elle sert au graissage des machines.

Huile de porc. — Depuis quelque temps, on

extrait du saindoux, en Amérique principalement, une huile claire assez fine, avec laquelle on peut falsifier l'huile d'olive. Mais, comme cette huile n'est pas un de nos produits industriels, nous ne la citons que pour mémoire.

Huile de baleine. — C'est dans l'huile de baleine que se dépose, après l'extraction, le *spermaceti* ou *blanc de baleine* dont nous avons déjà parlé plus haut. L'huile de Baleine, comme celle de Cachalot, est presque toute contenue dans une énorme cavité de la tête de l'animal. Une seule baleine peut donner 12 000 kilogrammes d'huile, et la langue seule en contient 3 000. L'huile de baleine est connue sous les noms d'huile de baleine blanche, huile jaune et huile noire, qui forment trois qualités distinctes, généralement mélangées dans le commerce. C'est une huile visqueuse, épaisse et nauséabonde ; on l'utilise pour la préparation des cuirs et des savons. Mélangée à certaines huiles végétales, elle peut constituer une huile d'éclairage.

Huile de phoque. — Toutes les huiles extraites des Cétacés et des Amphibies (Phoque, Cachalot, Dauphin, Morse) bien que différant un peu entre elles par quelques caractères, sont comprises dans l'industrie et le commerce sous la désignation d'*huile de baleine*. Nous ne parlerons pas en détail de toutes ces huiles.

Huiles de poissons. — Les huiles de Poissons peuvent être extraites, ou bien du corps entier de l'animal, ou bien uniquement des foies de certains Poissons. Dans la première catégorie, citons l'huile de Hareng et l'huile de Sardine.

Huiles de hareng et de sardine. — Pour les extraire, on arrose les Harengs ou les Sardines tout entiers avec de l'eau bouillante ; l'huile qui surnage est brune, épaisse, et d'odeur très forte ; on l'emploie surtout pour préparer les cuirs.

Huile de foie de morue. — On distingue quatre catégories d'huile extraite des foies de Morue.

L'*huile blanche* s'obtient par la désagrégation naturelle des foies déterminée par fermentation ; on l'extrait au moyen d'une légère pression qui laisse échapper le sang et l'huile. On sépare le sang de l'huile par décantation.

L'*huile blonde* s'obtient immédiatement après l'huile blanche, en employant une pression plus forte.

L'*huile brune* est obtenue par l'expression des foies qui commencent à se putréfier. Enfin l'*huile noire* provient des foies putréfiés que l'on fait bouillir.

Ces différentes sortes d'huiles peuvent se grouper en deux classes, au point de vue des applications qu'on en fait. Les premières (huile blanche, huile blonde, huile brune) sont employées comme médicament ; elles renferment de l'iode, du phosphore, du brome, du chlore, de la chaux, etc. L'huile noire ne peut être utilisée en médecine ; elle sert à l'assouplissage des cuirs.

On emploie pour falsifier l'huile de foies de morue diverses huiles de poissons, telles que : l'huile de foies de raie et l'huile de foies de requin.

2. — Graisses.

Les graisses sont des corps gras qui, à la température ordinaire, se présentent à l'état solide, et qui fondent vers 40°. Nous allons énumérer les principales sortes de graisses généralement utilisées en France.

Graisse de porc. — La graisse de porc se présente sous forme de *lard* et de *panne*. La panne, moins résistante, plus fusible, donne lorsqu'elle est fondue un produit employé dans l'alimentation sous le nom de *saindoux*, et en pharmacie sous le nom d'*axonge*. Le saindoux, exposé à l'air, en absorbe l'oxygène et devient bientôt rance. Il est d'un usage courant dans l'alimentation. En pharmacie, le saindoux ou axonge sert à la fabrication des pommades.

Graisse d'oie. — Elle est employée surtout dans certaines régions du midi de la France où la cuisine est faite presque uniquement avec de la graisse.

Graisse de chien. — On emploie la graisse du Chien dans la fabrication des gants.

Graisse d'ours. — Autrefois on employait la graisse d'Ours en médecine, mais elle n'est plus guère utilisée que par les parfumeurs.

Suintine. — La matière grasse qui imprègne la toison des Moutons est appelée *suint*. Le suint est formé d'une partie qui est soluble dans l'eau (mélange de sels alcalins), et d'une partie qui est insoluble dans l'eau (surtout constituée par deux corps gras, l'élaérine et la stéarine). Cette dernière partie du suint est appelée *suintine*. Son odeur est extrêmement forte. La suintine est utilisée pour la savonnerie et pour le graissage des machines.

3. — **Suifs**.

On désigne généralement sous lè nom de suifs les graisses fondues analogues au saindoux extrait du Porc, mais provenant d'autres animaux comme le Mouton, la Chèvre, le Bœuf, le Veau. En somme, le suif est une graisse désignée sous un nom spécial. Il est constitué par un mélange d'oléine, de margarine et de stéarine, où l'oléine domine d'autant plus que la variété de suif est moins consistante. Ainsi le suif de mouton, qui est très consistant, contient beaucoup moins d'oléine que la plupart des autres suifs.

On emploie le suif pour la fabrication des chandelles ; on en extrait des acides gras qui servent à fabriquer les bougies, les savons, et qui sont également utilisés en parfumerie.

Citons enfin, parmi les diverses sortes de suifs, après le *suif de mouton, de bœuf, de veau et de chèvre,* le *suif d'abatis* extrait des têtes, des estomacs et des pieds de divers animaux, au moyen de l'eau bouillante, et le *suif d'os* extrait des os en fragments par le même traitement.

Les suifs de qualités inférieures servent à graisser les essieux des roues de voitures.

4. — **Colles**.

L'*osséine* est une matière azotée qui forme la substance organique des os ; on la trouve aussi dans les produits cornés, dans les cartilages, et dans les tissus du derme. L'*osséine* est insoluble dans l'eau. Mais lorsqu'elle a été traitée par certains agents, par la vapeur d'eau par exemple, elle se transforme en une substance soluble dans l'eau, la *gélatine*.

Gélatine. — La gélatine pure est préparée sous forme de lames transparentes, minces, dures, flexibles et cassantes. Elle gonfle dans l'eau froide et se dissout entièrement dans l'eau bouillante.

Une solution concentrée de gélatine se refroidit sous forme de *gelée*. La gélatine pure sert à fabriquer des gelées alimentaires.

Certaines gélatines constituent des colles. On distingue entre elles les diverses sortes de colles d'après leur provenance.

C'est ainsi qu'il y a lieu de considérer successivement les *colles d'os*, les *colles de peau* ou colles fortes, et les *colles de poisson* ou ichthyocolles.

Colle d'os. — Pour préparer cette colle, on extrait la gélatine des os, en traitant ceux-ci par l'acide chlorhydrique. Les os sont préalablement blanchis, puis, durant plusieurs jours, plongés dans un bain d'acide chlorhydrique. Quand ils se sont ramollis et qu'ils ont pris un aspect translucide, on les lave pour ôter toute trace d'acide, et enfin ces os débarrassés de leur partie minérale et qui ne sont plus formés que d'osséine sont soumis à l'action prolongée de l'eau bouillante qui transforme l'osséine en gélatine.

La gélatine liquide est ensuite solidifiée par refroidissement dans des moules, puis divisée en lames minces au moyen de fils de laiton, et ces lames sont séchées pour amener leur durcissement. On prépare ensuite, avec cette gélatine, soit des colles proprement dites, soit des gelées alimentaires. La gélatine d'os est fabriquée surtout avec des os de bœuf, mais on la prépare également avec des os de chevaux et de moutons, enfin avec des déchets provenant d'objets en os, boutons, etc.

Colle de peaux. — On extrait la gélatine de diverses matières animales comme les débris et les rognures de cuir et de peau, les nerfs ou tendons de cheval et de bœuf, la peau de la tête des veaux, les rognures de parchemins, etc. La colle obtenue ainsi est souvent appelée *colle-matière*. L'extraction de la gélatine se fait en plongeant d'abord toutes ces matières animales dans un lait de chaux, qu'on additionne de soude caustique, et elles y séjournent plusieurs semaines. Les débris contenant l'osséine sont ainsi débarrassés des matières grasses, des peaux, des poils, etc. On les lave ensuite et le reste de l'opération se pratique comme pour la gélatine d'os, c'est-à-dire qu'au moyen de l'eau bouillante, on transforme l'osséine en gélatine.

La gélatine ainsi obtenue sert à fabriquer des gelées alimentaires, des produits photographiques (plaques au gélatino-bromure), et du papier-gélatine, employé pour fabriquer le papier à calquer, les pains à cacheter, les perles artificielles, les images peintes, etc.

Le produit de la première transformation de l'osséine en gélatine est plus pur que les produits suivants obtenus successivement au cours du traitement de la matière première ; il est clair, et connu sous le nom de *colle de Flandre*.

On utilise la colle de Flandre pour la préparation des bains gélatineux (bains sulfuro-gélatineux de Barèges, etc.).

La première qualité de colle de Flandre, ou *grenetine* obtenue avec des matières de choix, est blanche, pure, et c'est elle qu'on emploie le plus souvent pour la fabrication des produits alimentaires. On s'en sert en pharmacie pour fabriquer des capsules et des taffetas gommés. Pour préparer le taffetas d'Angleterre, on additionne la grenetine de teinture alcoolique de baume de Tolu, puis on enduit, avec cette gélatine aromatisée, la surface d'une toile très fine qui a généralement la coloration de la peau.

Citons maintenant les diverses sortes de colles fabriquées avec cette gélatine :

La *colle de parchemin*, sert à la fabrication des fleurs artificielles.

La *colle forte* est employée par les menuisiers, les ébénistes, etc. La colle forte liquide se fabrique en dissolvant de la gélatine dans l'eau chaude ; on ajoute de l'acide azotique pour maintenir le produit obtenu à l'état liquide. On peut remplacer l'acide azotique par le vinaigre et l'alcool, ou bien encore par l'acide chlorhydrique et le sulfate de zinc. La colle forte, si l'on y ajoute de la cendre tamisée, forme une sorte de mastic qui sert à coller entre elles des matières très dures, comme le verre, les métaux, le bois et la pierre.

La *colle à bouche*, peu adhésive, mais très pure, est faite avec la gélatine de bonne qualité ou colle de Flandre, ramollie dans l'eau, sucrée, et aromatisée d'une essence (citron, menthe, etc.) Elle se vend sous forme de tablettes.

La *colle au baquet* qui sert aux peintres pour coller les papiers peints, etc. est une colle assez inférieure, qui reste à l'état de gelée : on l'additionne d'alun pour assurer sa conservation.

Colle de poisson ou ichthyocolle. — La géla-tine extraite des poissons est la plus pure de toutes et la plus estimée. On l'extrait de la vessie nata-toire de l'*Esturgeon*, de la peau, des nageoires, des cartilages et des écailles de la *Morue*, et enfin de cer-tains poissons du Japon, de la Chine et de la Guyane.

C'est une industrie qui est surtout développée en Russie et en Amérique.

Nous ne dirons que quelques mots sur les usages de cette colle. Elle sert à clarifier le vin et la bière, à préparer des gelées alimentaires, des taffetas gommés de toute espèce, spécialement pour la phar-macie, à apprêter les soies, rubans, etc., enfin on s'en sert dans la fabrication des fleurs et des perles arti-ficielles.

Sous le même nom de colle de poisson, on fabrique une colle inférieure avec les intestins et les nerfs de divers ruminants.

Perles artificielles. — Il nous reste à dire un mot de l'industrie des perles artificielles dont l'in-vention remonte au XVIIe siècle. Pour la fabrication de ces perles, on emploie la colle de poisson ou *ichthyocolle*, et l'*essence d'orient*, dont nous avons déjà parlé comme d'un produit spécial extrait des écailles de l'Ablette.

Pour fabriquer ces perles artificielles, on souffle de petits globules de verre que l'on enduit intérieure-ment de colle de poisson et d'essence d'orient. On les remplit ensuite de cire fondue.

CHAPITRE II

ARTHROPODES

I

Caractères généraux. — Le principal caractère qui distingue les animaux appartenant au groupe
des Arthropodes de ceux dont nous venons de nous
occuper et qui constituent le groupe des Vertébrés,
est l'absence, chez les premiers, du squelette interne
qui caractérise les seconds. L'existence d'un squelette interne est particulier aux Vertébrés. Tous les
animaux dont nous aurons à nous occuper maintenant sont dépourvus de ce squelette interne ; aussi
réunit-on souvent, sous le nom d'Invertébrés, tous
les groupes d'animaux dont nous allons avoir à parler,
depuis les Arthropodes jusqu'aux animaux les plus
inférieurs.

Comme les Vertébrés, les Arthropodes ont une
symétrie bilatérale, c'est-à-dire qu'ils ont une droite
et une gauche. Ils sont constitués par des anneaux
plus ou moins différents les uns des autres et qui sont
soudés entre eux. Certains de ces anneaux présentent
des appendices articulés.

La surface du corps des Arthropodes est de consistance plus ou moins dure, parce que les téguments de ces animaux sont incrustés d'une matière azotée solide, la *chitine*.

On distingue généralement trois parties dans le corps des Arthropodes, la tête, le thorax et l'abdomen, chacune de ces parties étant constituée par un plus ou moins grand nombre d'anneaux. Les appendices des anneaux qui constituent la tête sont surtout adaptés à la préhension et à la mastication des aliments ; ceux des anneaux qui constituent le thorax servent à la locomotion.

Le système nerveux est formé d'un cerveau, d'un collier œsophagien, et d'un cordon nerveux ventral situé au-dessous du tube digestif et présentant souvent une chaîne de ganglions.

L'appareil digestif est très différencié, mais sa constitution varie dans les divers groupes.

Divisions de l'embranchement des arthropodes. — L'embranchement des Arthropodes peut être divisé en quatre classes :

1º Les *Insectes* ; ce sont des animaux dont le corps est nettement divisé en trois parties distinctes, la tête, le thorax et l'abdomen, et qui, d'autre part, sont pourvus de trois paires de pattes.

2º Les *Arachnides* ; le corps de ces animaux est divisé en deux parties seulement : le céphalo-thorax et l'abdomen ; il est pourvu de quatre paires de pattes.

3º Les *Myriapodes* ; dont le corps est divisé en un grand nombre de segments et porte un grand nombre de paires de pattes.

4º Les *Crustacés* ; qui diffèrent des animaux

appartenant aux trois groupes précédents parce
qu'ils sont adaptés à la vie aquatique et respirent
par des *branchies*, tandis que les Insectes, les Myriapodes et les Arachnides sont adaptés à la vie terrestre
ou aérienne et respirent par des tubes qui se ramifient
dans tous les organes et que l'on appelle des *trachées*.

La classe des Myriapodes et celle des Arachnides
présentent peu d'intérêt au point de vue qui nous
occupe ; nous n'étudierons donc ici que les deux
autres classes : les Insectes et les Crustacés.

II

INSECTES

Caractères généraux. — Nous venons de voir
que le corps des Insectes est formé de trois parties :
la tête, le thorax et l'abdomen.

La tête résulte de la soudure d'un certain nombre
d'anneaux : elle porte de petits appendices mobiles
de forme très variable que l'on appelle des *antennes*.

A côté des antennes se trouvent les yeux ; en regar-
dant ces yeux à la loupe on voit que leur surface n'est
pas régulièrement courbe, mais on reconnaît qu'elle
est formée par une infinité de petites facettes dont
l'ensemble offre l'apparence d'une sorte de carrelage
très régulier. On donne à ces yeux le nom d'*yeux composés* ou *à facettes*. Enfin sur la tête se trouve encore
la bouche qui est entourée d'un certain nombre de
pièces dures servant à prendre et à mastiquer les
aliments.

Le thorax résulte de la soudure de trois anneaux,
chacun de ces anneaux porte une paire de pattes ;

les deux anneaux postérieurs sont souvent munis chacun d'une paire d'ailes.

L'abdomen ne porte ni pattes, ni ailes ; il est formé d'une série de neuf ou dix anneaux qui sont de plus en plus petits en allant de la région antérieure vers la région postérieure de l'abdomen. Etant de longueur différente, ces anneaux peuvent parfois rentrer les uns dans les autres, ce qui détermine le raccourcissement de l'abdomen.

L'appareil digestif est formé d'une bouche suivie d'un œsophage qui se renfle à la base pour former le jabot ; puis, vient un second renflement, qui est le gésier, et un troisième qui est le véritable estomac, suivi de l'intestin. La bouche des Insectes peut être disposée pour broyer, pour sucer, pour lécher ou pour piquer.

L'appareil circulatoire est très réduit, il est constitué par un vaisseau logé dans la région dorsale du corps, et jouant le rôle de cœur.

L'appareil respiratoire est constitué par les trachées qui amènent l'air dans toutes les parties du corps et s'ouvrent au dehors par des ouvertures qu'on nomme stigmates.

Les Insectes pondent de très petits œufs ; ces œufs donnent naissance à de jeunes animaux dont la constitution est très différente de celle des adultes, et qui doivent subir par conséquent une série de transformations avant d'atteindre leur forme définitive. On donne le nom de *métamorphose* à l'ensemble de ces transformations.

Pour certains Insectes, l'œuf donne naissance à une *larve* qui est dépourvue d'ailes et s'accroît à la suites de mues (ou changement de peau) successives. La larve en se transformant produit la *nymphe* qui possède des rudiments d'ailes ; sous cette forme, l'Insecte est immobilisé dans une période de repos. Lorsque, avant de passer à l'état de nymphe, l'Insecte s'entoure d'un cocon qu'il file, on donne à la nymphe le nom de *chrysalide*. Enfin, la nymphe ou chrysalide se transforme à son tour en *Insecte parfait*.

Quand l'Insecte passe successivement par ces trois phases avant d'atteindre sa forme définitive, on donne à la série de transformations qu'il subit le nom de métamorphose *complète*.

Mais pour certains Insectes, l'œuf se transforme en une larve qui ne diffère guère de l'Insecte parfait que par l'absence d'ailes ; dans ces conditions, la larve se transforme en Insecte adulte sans passer par la phase correspondant à l'état de nymphe.

Les larves se modifient après chaque mue, et arrivent ainsi à se transformer peu à peu en Insectes parfaits.

La métamorphose est alors dite *incomplète*. Les Insectes grandissent au cours des différentes transformations que comporte la métamorphose complète ou la métamorphose incomplète, mais dès qu'ils sont arrivés à l'état d'Insectes parfaits, leur croissance cesse d'une manière définitive.

Applications des Insectes. — Si nous envisageons le groupe des Insectes au point de vue de ses applications intéressantes pour l'homme, parmi les animaux qu'il renferme ou parmi les produits que ces animaux sont susceptibles de fournir, nous constatons immédiatement que deux séries d'individus devront surtout retenir notre attention ; ce sont les Insectes producteurs de miel et de cire, et les Insectes producteurs de soie. En dehors des *Abeilles* et des

Vers à soie, nous n'aurons que quelques mots à dire sur une espèce de moindre importance au point de vue de la zoologie appliquée, la *Cantharide*.

1. — **Abeilles**.

Les Abeilles sont des Insectes de l'ordre des Hyménoptères ; l'homme utilise abondamment les produits de ces animaux, c'est-à-dire le miel et la cire.

Le miel est constitué par le *nectar* des fleurs que les Abeilles récoltent, modifient et rassemblent en masse. La cire est sécrétée par le corps même de ces Insectes.

Le nectar des fleurs est récolté et transformé en *miel* par les Abeilles ; elles conservent ce miel en très grande quantité pour leur servir de nourriture, à elles et à leurs jeunes larves. La *cire* est sécrétée par des glandes situées à la face inférieure des anneaux de l'abdomen ; les abeilles modèlent cette cire et l'utilisent comme matériaux pour les constructions régulières qu'elles édifient les unes près des autres et qui contiennent, soit le miel, soit les œufs.

Chacune de ces petites constructions, à six faces latérales égales, se nomme un *alvéole*, et l'ensemble d'un certain nombre d'alvéoles est appelé *rayon* (fig. 84). Il y a plusieurs rayons construits les uns à côté des autres dans une habitation d'abeilles, c'est-à-dire dans une *ruche*.

Les trois sortes d'Abeilles : Ouvrière, Faux-Bourdon, Abeille-mère. — En observant avec attention les abeilles d'une ruche pendant l'été, on reconnaîtra d'abord deux sortes d'abeilles très distinctes : les unes en très grand nombre, qui travaillent régulièrement et continuellement, les autres en petit nombre, inoccupées et beaucoup plus grosses que les premières. Si nous nous emparions d'une abeille de la première catégorie, elle nous piquerait

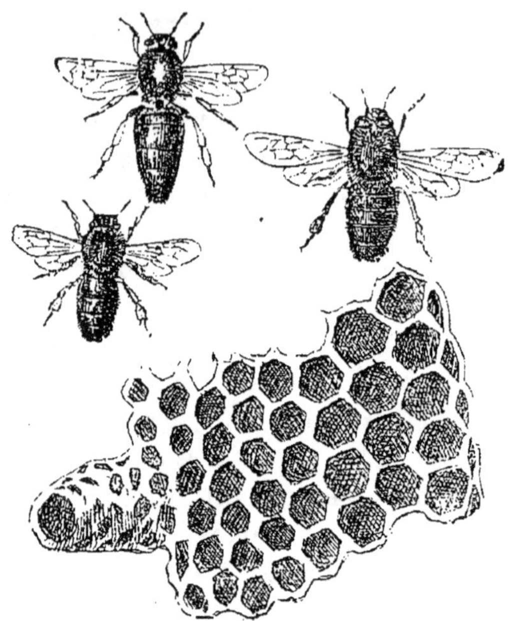

Fig. 84. — Les trois sortes d'abeilles et un fragment de rayon. La première, à gauche et en bas est une abeille ouvrière ; la seconde, à gauche et en haut est une abeille-mère ; la troisième, à droite est un faux-bourdon. — Dans le fragment de rayon, on voit à gauche un début de cellule de mère, puis les cellules d'ouvrières, et, à droite, des cellules de faux-bourdons.

d'une façon extrêmement douloureuse au moyen d'un *aiguillon* qui même, si la piqûre est forte, peut rester dans la plaie en causant ainsi la mort de l'insecte ; au contraire, si nous prenons une abeille de la seconde catégorie, bien qu'elle soit de plus grande taille, elle ne pourra nous piquer, étant dépourvue d'aiguillon.

Enfin, en observant longtemps et attentivement

l'intérieur d'une ruche, nous finirions par distinguer une troisième sorte d'abeille, représentée par un individu unique dans chaque ruche. Celle-ci ne quitte pour ainsi dire jamais l'intérieur obscur de la ruche ; elle est plus grande et plus jaune que les abeilles travailleuses de la première catégorie, elle a des ailes plus courtes, et elle est continuellement occupée à pondre des œufs dans les alvéoles de cire. On l'appelle *abeille-mère*, et, comme nous l'avons dit, il n'y en a qu'une de cette catégorie dans la ruche. C'est elle seule qui pond tous les œufs d'où sortiront les abeilles des trois catégories.

On appelle *ouvrières* les abeilles qui sont munies d'aiguillons et qui, de beaucoup les plus nombreuses, accomplissent seules tout le travail de la récolte, de la construction des rayons, etc. Ce sont des individus neutres, ou plutôt des femelles stériles qui ne peuvent aider à la reproduction ; par exception, cependant, on a vu quelques ouvrières pondre des œufs, mais ces œufs ne produisent jamais d'abeilles-mères ni d'ouvrières, ils ne donnent naissance qu'aux grosses abeilles dont nous avons déjà parlé tout à l'heure.

Ces grosses abeilles, dépourvues d'aiguillon et ne coopérant pas aux travaux de la colonie, sont appelées *faux-bourdons,* ou abeilles mâles. Les faux-bourdons vivent au milieu des autres abeilles pendant l'été, et, vers l'automne, les ouvrières les tuent jusqu'au dernier. La fig. 84 représente les trois sortes d'abeilles.

Une abeille met vingt et un jours à accomplir toutes ses métamorphoses jusqu'à l'état d'insecte parfait. De l'œuf pondu dans un alvéole sort une larve qui file un mince cocon et se transforme en chrysalide.

L'ensemble des œufs, des larves, et des chrysalides à tous leurs degrés de développement et que les abeilles ouvrières soignent continuellement est appelé vulgairement le *couvain*.

Quand les abeilles ouvrières sont métamorphosées en insectes parfaits, la durée moyenne de leur existence en été est très courte, six semaines à deux mois environ ; celles qui naissent en automne peuvent vivre jusqu'au printemps. L'abeille-mère vit beaucoup plus longtemps, de trois à cinq ans environ.

Pendant l'hiver, les abeilles ne sont pas engourdies, mais ne sortent presque pas de la ruche. Au milieu d'un groupe d'abeilles, même au plus froid de l'hiver, la température se maintient toujours au voisinage de 20° centigrades.

Travail des abeilles : 1° *Nourriture des jeunes larves.* — Les abeilles ouvrières ne se livrent pas toutes aux mêmes travaux, la division du travail étant très bien comprise et admirablement appliquée chez ces Insectes : chaque ouvrière, depuis sa première jeunesse, s'occupe successivement de tous les besoins de la colonie.

Le premier soin qu'on lui confie, quand elle est trop jeune encore pour sortir de la ruche, c'est de fabriquer avec du *pollen*, du miel et de l'eau, une sorte de bouillie qu'elle donne jour et nuit aux jeunes larves. L'eau et le pollen sont rapportés du dehors par les autres abeilles ; on sait que le pollen est la poussière fine qui s'échappe des étamines des fleurs.

2° *La cire : construction des rayons.* — La jeune abeille est encore employée dans l'intérieur de la ruche à la construction des rayons de cire. La cire est une sorte de graisse durcissant à l'air et produite par des glandes (*glandes cirières*) situées au-dessous de l'abdomen des Abeilles. Des ouvertures de ces glandes placées dans les interstices des anneaux, la cire s'échappe en petites lames. L'ouvrière détache et saisit ces lamelles avec ses pattes de derrière, puis les fait passer jusqu'à sa bouche où deux fortes pièces qui se meuvent de droite à gauche et de gauche à droite et qu'on appelle *mandibules*, les pétrissent en petites boules. Chaque abeille applique ces boulettes aux points où la cire doit être déposée pour façonner son travail. Les ouvrières commencent à construire par le haut les rayons formés d'alvéoles ; elles tracent d'abord le fond des premiers alvéoles, puis les cloisons, et continuent à construire en descendant. L'ensemble prend une forme ovale allongée.

La cire, sortant des glandes cirières, est blanche et assez fragile ; elle jaunit ensuite et prend de la consistance. Les rayons de cire très anciens sont bruns ou presque noirs et d'une grande dureté.

3° *Recherche de l'eau.* — Plus tard, la jeune abeille sort de la ruche, et on lui enseigne par des vols dirigés dans le même sens à reconnaître l'emplacement exact de cette ruche, de façon à ne pas s'égarer dès ses premières sorties. Le premier travail auquel elle est employée au dehors est la récolte de l'eau. L'eau est absolument nécessaire aux abeilles, soit pour délayer la nourriture des jeunes larves, soit pour dissoudre le miel cristallisé. Elles la recueillent au moyen de leur *trompe*, partie allongée de leur bouche, et la rapportent ensuite à la ruche.

Dans les pays où l'eau manque à la surface du sol, on doit disposer de petits abreuvoirs pour les abeilles d'un rucher, car elles ne peuvent se passer d'eau.

4° *Récolte du pollen.* — L'abeille est ensuite employée

à récolter le pollen des fleurs, dont nous avons parlé plus haut. Pour cela, elle se pose su les étamines de la fleur dont les *anthères* contiennent le pollen, et elle prend ce pollen avec ses mandibules. Elle en forme des pelotes qu'elle fait passer de patte en patte, jusqu'à ses pattes postérieures, qui sont creusées d'une façon spéciale; ces creux sont appelés *corbeilles*. Le pollen est réuni en pelotes compactes dans ces corbeilles et maintenu au moyen des poils ou *brosses*. Quelquefois même c'est au moyen des brosses que, d'une patte à l'autre, les abeilles récoltent directement le pollen. Elles rapportent ce pollen à la ruche où il sert, comme nous l'avons dit, à la nourriture des larves.

Fig. 85. — Récolte du nectar par une abeille sur le Sainfoin.

5° *Récolte du nectar; miel.* — Le *nectar* est un liquide sucré produit par beaucoup de plantes. Ce liquide s'accumule dans des organes spéciaux auxquels on donne le nom de *nectaires*. Les nectaires peuvent être localisés en des points très différents des végétaux, ils se trouvent très fréquemment à l'intérieur et vers la base de la fleur.

Il y a aussi des nectaires qui sont situés, non dans les fleurs, mais à la base de certaines feuilles, où les abeilles récoltent également le nectar.

Pour récolter ce liquide sucré, l'abeille pénètre

parfois tout entière dans la fleur et aspire le nectar
au moyen de sa trompe (fig. 85), comme nous avons
vu tout à l'heure qu'elle puisait l'eau. Les mouvements

Fig. 86. — Abeilles récoltant la miellée sur les feuilles de Chêne.

qu'elle exécute ainsi étant un peu différents suivant
la forme de la fleur, pour donner plus de rapidité
à son travail, chaque abeille ne visite ordinairement
qu'une seule sorte de fleur à la fois, et on la voit
passer à côté des autres espèces nectarifères sans s'y
arrêter. Il s'établit ainsi une curieuse division
du travail chez les butineuses qui se répartis-
sent proportionellement sur les diverses plantes
mellifères ; et, d'ailleurs, cette division du travail
s'observe dans tous les travaux exécutés par les
ouvrières.

Les abeilles récoltent aussi, à la surface des feuilles
de certains arbres pendant la saison chaude (fig. 86),

des gouttelettes sucrées provenant, soit d'une sorte d'exsudation des feuilles, soit de l'attaque des feuilles par des pucerons qui aspirent le liquide sucré des tissus et ne l'absorbent pas entièrement. On appelle ce liquide sucré *miellée* ou *miellat*. Il diffère du nectar, et produit un miel de qualité inférieure, par suite de la présence de gommes et de dextrine. Les abeilles lui préfèrent toujours le nectar des fleurs. L'abeille, comme nous l'avons vu, aspire le liquide sucré, nectar ou miellée; afin de le rapporter à sa ruche, elle en avale une assez grande quantité qu'elle reverse ensuite par la bouche pour le mettre en provision dans les petits alvéoles de cire des rayons. Par cette opération, le nectar a changé de composition, et, en séjournant dans le *jabot* ou premier estomac de l'abeille il s'est transformé en *miel*. On peut donc dire que le miel, comme la cire, est un produit de sécrétion des abeilles. Quand un alvéole est rempli de miel, après avoir attendu le temps nécessaire à l'évaporation de l'eau contenue en excès dans le miel, les abeilles ferment l'alvéole par une fine cloison de cire ou *opercule* plat, parfois déprimé, que l'on distingue facilement des opercules plus ou moins bombés des alvéoles du couvain.

Apiculture. — On appelle *Apiculture* (du latin *apis*, abeille) l'élevage rationnel des abeilles dans le but d'en obtenir les meilleurs produits. L'apiculture se pratique rarement sur une très grande échelle ; c'est la grande quantité de petits propriétaires possédant chacun un rucher et l'entretenant avec intelligence qui fait la richesse apicole de la France, et non une petite quantité de grandes entreprises, comme il arrive pour les industries proprement dites. A ce point de vue, l'Apiculture, différant de l'Aviculture et de la Pisciculture, se rapproche davantage de la Sériciculture ou culture des Vers à soie, dont nous parlerons plus loin.

L'Apiculture est cependant, de tous les genres d'élevage, le seul n'apportant pas de modifications essentielles à la vie normale des animaux producteurs. Dans une *ruche* construite de main d'homme, les abeilles sont engagées, par cette construction même, il est vrai, à construire leurs rayons suivant telle ou telle disposition. Par suite de certains perfectionnements, on arrive aussi à restreindre la fabrication de la cire en favorisant davantage celle du miel. D'autre part on peut diminuer le nombre des faux-bourdons dans une ruche. Enfin, si l'on ôte aux abeilles une grande partie de leur récolte, c'est sans leur nuire, puisqu'un bon apiculteur doit toujours laisser dans les ruches assez de miel pour nourrir ses abeilles, et même doit leur en fournir artificiellement quand elles n'en ont pas récolté en quantité suffisante pour elles. Mais la vie même de ces colonies d'insectes est celle des abeilles vivant à l'état sauvage, si bien qu'on ne peut pas dire que les abeilles soient réduites à l'état domestique.

Ceci tient à l'admirable organisation de la colonie d'abeilles, qui fonctionne naturellement dans le but de produire le maximum de travail dans le minimum de temps. Les abeilles en viennent à récolter ordinairement beaucoup plus de miel qu'elles ne doivent en consommer pendant l'hiver, et c'est ce surplus que l'apiculteur prélève dans une ruche chaque année, en automne, au moment où les abeilles ont terminé leur récolte.

Ruches à rayons fixes. — *Ruches vulgaires.* —

Les ruches vulgaires sont simplement des paniers en osier ou en paille tressée, recouverts d'une coiffe de paille (fig. 87). Elles doivent être spacieuses pour permettre la présence d'un très grand nombre d'ouvrières, la quantité de miel récolté étant proportionnelle à la quantité des ouvrières existant dans

Fig. 87. — Ruche vulgaire en osier.

la ruche. Les rayons y sont collés et s'y maintiennent fixes.

Au moment de la récolte, ou d'une opération quelconque à l'intérieur de la ruche, on est obligé de retourner complètement celle-ci, ce qui offre beaucoup de difficultés et ne peut être renouvelé souvent. Pour faire la récolte dans ces ruches, on doit retourner chaque ruche au-dessous d'une ruche vide et faire monter les abeilles dans cette dernière, ou retourner simplement la ruche et tailler les rayons de miel avec un couteau, afin de les extraire. Aussi, dans beaucoup de campagnes, où l'on trouve ces procédés trop difficiles, on détruit la totalité des abeilles de la ruche au moyen d'une mèche de soufre que l'on place au-dessous. Il est alors facile de récolter le miel sans être piqué.

Ruches à calotte. — On a cherché à perfectionner la ruche primitive, ou ruche *vulgaire*, de la façon suivante.

La ruche vulgaire en paille tressée est fabriquée de telle sorte que sa partie supérieure soit mobile; le volume intérieur de la partie mobile est calculé de manière qu'il puisse renfermer à peu près le surplus du miel de la ruche ; c'est comme une seconde ruche plus petite superposée à la première et qu'il est facile d'enlever pour y prendre le miel sans toucher au reste de la colonie.

Ruches à hausses. — Les ruches à hausses ou à compartiments superposés représentent un système plus compliqué que les deux premiers dont nous venons de parler, mais elles offrent souvent plus d'inconvénients que d'avantages.

La ruche à hausses est divisée transversalement en plusieurs compartiments égaux superposés, construits en paille tressée ou en bois. Chacun de ces compartiments ou *hausse* est mobile, et peut être retiré ou changé de place, ce qui permet le renouvellement des rayons de cire trop anciens, l'agrandissement ou la diminution de la ruche, la réunion de plusieurs en une seule, etc. Mais, en pratique, la surveillance des ruches à compartiments superposés est extrêmement compliquée. La ponte de l'abeille-mère est rendue plus difficile, de même que le groupement des abeilles pour l'hivernage. En résumé, dans une colonie comme la ruche, tout ce qui peut rompre l'unité du groupe est forcément nuisible.

Ruches à cadres ou à rayons mobiles. — Un système nouveau fut créé avec les ruches à rayons mobiles ou *ruches à cadres*. Il semble plus compliqué que les précédents, mais donne pour le même travail de l'apiculteur un rendement bien plus considérable, et c'est au moyen des ruches à cadres que se sont établies les méthodes modernes pour cultiver les abeilles.

La ruche à cadres est une caisse dans laquelle on place verticalement à côté les uns des autres des cadres en bois. On force les abeilles à construire leurs rayons bien droits dans chacun de ces cadres. Les cadres étant mobiles, et la ruche s'ouvrant facilement par un couvercle qui se soulève, on peut retirer ou déplacer chaque cadre avec son rayon. Cette ruche offre des avantages multiples. Elle se prête à tous les perfectionnements de l'Apiculture moderne, puisqu'on peut l'ouvrir et la visiter avec la plus grande facilité. Elle permet de retirer les rayons de cire et d'en extraire tout le miel sans les abîmer, de façon qu'on puisse les replacer vides dans la ruche, où les abeilles recommencent à les remplir. On peut également, grâce aux cadres mobiles, renouveler les rayons trop anciens, ou encore changer les rayons de *couvain* contenant uniquement des cellules de faux-bourdons ou mâles, pour les remplacer par des rayons d'ouvrières plus utiles à la ruche.

La ruche à cadres mobiles qui réunit le plus grand nombre d'avantages est la *ruche Layens*, ou ruche française.

Visite d'une ruche. — L'apiculteur, avant de
laire sa récolte de miel en automne, doit visiter plusieurs fois ses ruches pendant l'année, pour voir :

1° Si elles sont bien approvisionnées ;

Fig. 88. — Apiculteur visitant une ruche à cadres.

2° Si l'abeille-mère existe dans chaque colonie ;
3° Si aucune maladie n'attaque les abeilles.

Pour visiter commodément une ruche, on se sert
d'un *enfumoir*, petit appareil qui projette de la fumée
au milieu des abeilles et les oblige à battre des ailes
pour la chasser, état qui les empêche de songer à
piquer. Pour plus de précautions, on se couvre le
visage d'une voilette noire.

La présence de couvain récent dans une ruche
indique l'existence d'une mère.

Si la ruche est privée de l'abeille-mère, elle est dite
orpheline et on la réunit à d'autres.

Essaims. — Quand il se trouve plus d'une abeille-mère dans une ruche, il se forme un *essaim*, c'est-à-dire que la mère de la colonie s'envole de la ruche accompagnée d'une grande partie des ouvrières, et ce groupe d'abeilles va généralement se suspendre à une branche où les insectes sont accrochés les uns aux autres et changent constamment de place, sans que l'ensemble quitte sa même position.

Ce groupe constitue l'essaim. C'est généralement au mois de mai que les essaims commencent à se former. Il peut se former d'autres essaims après le premier s'il naît plusieurs jeunes abeilles-mères ; quand il ne s'en forme pas, c'est que les ouvrières ont tué toutes les jeunes mères sauf une.

On recueille chaque essaim qui sort d'une ruche et on le fait entrer dans une ruche vide où la nouvelle colonie s'installe. Le grand nombre des essaims qui se forment nuit à la force et à la récolte des ruches, et l'apiculteur doit s'efforcer d'éviter qu'il ne parte des essaims secondaires. Avec les ruches à cadres, on peut supprimer les essaims en agrandissant la ruche à volonté ; or, moins il se forme d'essaims, plus on obtient de miel.

Nourrissement des ruches. — Nous avons déjà dit que l'apiculteur doit visiter ses ruches pour constater que leur approvisionnement de miel est suffisant ; il arrive souvent qu'au printemps, ou après une mauvaise récolte, avant l'hiver, le miel manque aux abeilles. De même, quand on recueille des essaims pour les conserver dans une nouvelle ruche, on doit les nourrir pendant plusieurs jours. On donne alors aux abeilles du sirop de sucre qu'elles accumuleront dans les cellules. Ce sirop ne doit être donné aux insectes qu'à l'intérieur de la ruche, et la nuit seulement, pour éviter le *pillage* fait par les abeilles des ruches voisines et la bataille qui s'ensuivrait.

On verse ce sirop, soit dans une assiette ou dans un appareil spécial appelé *nourrisseur*, soit, s'il est très épais, dans les cellules vides des rayons que l'on replace ensuite dans la ruche. Ce sirop est composé de 1 kilogramme de sucre par litre d'eau, ou, plus épais, de 5 kilogrammes de sucre par 3 litres d'eau.

Cire gaufrée. — On fabrique avec de la cire d'abeilles des plaques minces de la dimension des rayons et qui portent en relief sur leurs deux faces l'indication exacte du fond des cellules d'ouvrières. Les abeilles à qui on donne ces rayons achèvent généralement le travail suivant les indications données et on évite qu'elles ne construisent trop de cellules de mâles.

Maladies des abeilles. — La plus grave maladie qui attaque les colonies d'abeilles est la *loque* ou pourriture du couvain. Elle est due à une bactérie. Les précautions à prendre pour l'éviter sont de ne jamais laisser le couvain à découvert, c'est-à-dire privé des abeilles qui doivent toujours y entretenir la chaleur nécessaire ; de placer toujours un peu de naphtaline dans un coin de chaque ruche, et d'éviter le pillage des ruches par les abeilles d'un rucher voisin pouvant y introduire les germes de la maladie. On guérit parfois la loque en donnant aux abeilles un sirop additionné d'acide salicylique dans l'alcool. On doit souvent détruire les colonies des ruches loqueuses ou les faire essaimer artificiellement dans des ruches désinfectées. Une autre maladie des abeilles est la *dysenterie*, moins grave que la précédente, et due à l'hivernage trop prolongé dans un air humide insuffisamment renouvelé.

Miel et cire. — Le miel est une substance riche en sucres, liquide d'abord, puis devenant avec le temps granuleuse et même solide : il contient surtout du glucose et du levulose, parfois aussi du sucre de canne (miel de Chamonix).

Le miel se vend sous forme de miel extrait, ou en rayons ; ses qualités diffèrent suivant sa provenance. Le plus estimé est le *miel de Chamonix* ou miel blanc des Alpes ; après le miel des montagnes, vient le miel de sainfoin, dont le type est le *miel du Gâtinais ;* parmi les miels du midi de la France, le plus fin est le *miel de Narbonne.* Un miel d'une qualité bien inférieure est le miel de bruyère connu sous le nom de *miel des Landes,* et enfin le miel de sarrasin ou *miel de Bretagne* : ces deux derniers miels sont employés généralement sous le nom de *miels rouges* dans la fabrication du pain d'épices.

Le miel est employé à de nombreux usages pour les recettes ménagères, la pharmacie et l'art vétérinaire. Avec le miel on fait une boisson connue sous le nom d'*hydromel,* et dont nous parlerons plus loin.

Quant à la cire, nous avons vu qu'on en sacrifiait souvent la fabrication pour obtenir plus de miel, car le miel rapporte davantage à l'apiculteur.

La cire est un corps solide, généralement jaune, fondant vers 62°, et ne laissant aucun résidu en brûlant. Pour l'extraire, on fait fondre les rayons vides dans l'eau à plusieurs reprises, puis la cire obtenue est coulée en *pains.* Cette première cire est appelée *cire vierge.*

En France, les cires les plus connues dans l'industrie sont : les cires de Bretagne, de Normandie, des Landes, du Gâtinais, et de Bourgogne. Les cires blanches sont les plus fines ; les cires brutes, de couleur foncée, ne peuvent servir que comme cires à parquets et pour la fabrication du vernis et de l'encaustique.

Hydromel. — L'*hydromel* est une boisson alcoolique qu'on obtient en faisant fermenter du miel mis dans une certaine quantité d'eau.

En Russie, on fabrique depuis longtemps d'excellents hydromels, mais en France peu d'apiculteurs savent employer, pour transformer leur miel en alcool, une méthode rationnelle.

L'intérêt de cette fabrication tient surtout à ce fait que, dans certaines régions où le miel est produit en grande quantité, on en trouve difficilement la vente.

Dans ce cas, l'apiculteur a donc tout intérêt à fabriquer de l'hydromel.

L'hydromel est souvent très mal fabriqué, et ce n'est alors qu'une boisson liquoreuse sans force, qui a gardé le goût du miel.

Le procédé le plus simple et le meilleur pour fabriquer l'hydromel consiste à mélanger dans un tonneau, un quart de miel en volume et trois quarts d'eau, en y ajoutant une petite quantité *d'acide tartrique* qui active la fermentation, et de *sous-nitrate de bismuth*, qui sert à empêcher les fermentations secondaires, ce qui est un point capital. On ajoute ensuite du *pollen frais* prélevé dans les rayons d'une ruche et délayé avec un peu du mélange de miel et d'eau. Ce pollen fournit à la fermentation un élément azoté nutritif. Ces trois derniers produits

sont nécessaires à la bonne réussite de l'opération.
Voici la formule générale de l'hydromel :

Eau	75 litres.
Miel.	25 —
Acide tartrique.	50 grammes.
Sous-nitrate de bismuth.	10 —
Pollen frais	50 —

Un bon hydromel doit avoir de 13° à 17° d'alcool.
Il supporte très bien ensuite le mélange avec l'eau
quand on le boit.

Le temps nécessaire à sa fermentation varie selon
la température ; en été on place les tonneaux dehors,
au soleil ; en hiver, dans une cave, mais jamais dans
une pièce où il y a eu du vinaigre. L'hydromel est
dit *sec* quand il n'a plus aucun goût de sucre, et
liquoreux quand il contient encore une certaine quantité de miel non fermenté.

L'hydromel a une composition chimique différente de celle du vin ; il contient de la dextrine,
moins de tanin, moins de substances minérales.
On ajoute quelquefois du miel au raisin avant la
fermentation pour améliorer le vin quand le raisin
n'est pas assez sucré.

Vinaigre de miel. — On peut faire très facilement avec du miel et de l'eau un excellent vinaigre.
Pour le fabriquer, on laisse dans un tonneau de
l'eau renfermant 10 p. 100 de miel ; on ferme par une
tuile ou une pierre permettant le passage de l'air et
on place le tonneau dans un endroit chaud ou au
soleil. Huit ou dix mois après, le vinaigre est bon
à consommer. On peut abréger la fermentation en
semant dans le tonneau après la grande fermentation
ce qu'on appelle vulgairement une *mère de vinaigre.*

Eau-de-vie de miel. — On fabrique par la distillation de l'hydromel une excellente eau-de-vie, mais cette transformation n'a pas d'avantage commercial à cause de la quantité de miel dépensé ; elle intéresse surtout les amateurs. Elle permet cependant à l'apiculteur d'utiliser pour la distillation, afin d'obtenir une bonne eau-de-vie, du miel de mauvaise qualité qu'il ne pourrait vendre.

2. — Vers à soie.

Le *Bombyx mori* est un Insecte de l'ordre des Lépidoptères, dont la chenille est appelée communément Ver à soie.

Le *Bombyx mori*, à l'état de larve ou de chenille, se nourrit des feuilles du mûrier ; il se file un cocon au moyen de glandes spéciales, sécrétant une matière, d'abord visqueuse, qui se solidifie à l'air et qui constitue la *soie*. A l'abri de ce cocon, la larve se transforme en chrysalide ; puis le papillon, insecte parfait, sort du cocon pour vivre très peu de jours seulement et sans prendre aucune nourriture. Il pond alors un grand nombre d'œufs qui, à leur tour, se transformeront en chenilles ou Vers à soie.

Le Ver à soie est originaire d'Asie ; le *Bombyx mori*, Bombyx du mûrier, existe, à l'état domestiqué, en Chine et au Japon où on l'élève depuis les temps les plus reculés.

Il existe beaucoup d'autres espèces de *Bombyx* dont la chenille file de la soie, mais l'espèce la plus connue est celle dont nous venons de parler.

Citons cependant parmi celles qu'on a réussi à acclimater et à élever en France : le *Bombyx Yama-Maï*, ver à soie du chêne, importé du Japon, et qui peut vivre sur nos espèces de chênes indigènes, dans l'Ariège principalement, et le *Bombyx cynthia*, ver à soie de l'ailanthe ou vernis du Japon.

Appareil sécrétant la soie. — La chenille du *Bombyx* a huit paires de pattes. Elle est pourvue de deux mâchoires en forme de scie qui fonctionnent horizontalement pour mâcher les feuilles.

A l'intérieur du corps de cette chenille, se trouve, de chaque côté de la face ventrale, un tube replié de nombreuses fois sur lui-même.

Dans la région située entre le 8e et le 4e anneau, ces deux tubes se dilatent, chacun de son côté, et constituent ainsi deux espèces de réservoirs repliés en forme d'S qui contiennent la matière sécrétée. Plus loin les deux tubes s'amincissent ensuite de nouveau et finissent par se rejoindre en un seul canal qui aboutit à une petite filière, appareil percé d'un trou et un peu analogue à une lèvre, situé à la partie inférieure de la bouche. Enfin, sous la bouche, sont placées deux petites glandes particulières qui sécrètent une sorte de vernis appelé *grez* et le déversent dans le canal qui aboutit à la filière. Ce vernis imperméable se mélange donc à la matière sécrétée avant même sa sortie de la filière.

La soie se compose de *fibroïne* et de *grez*. On comprend, d'après l'explication précédente, comment, à sa sortie de la filière, la soie est déjà formée de deux fils réunis en un seul peu de temps auparavant ; mais qui sont bien distincts à l'intérieur de l'organisme. Le cocon est entièrement confectionné de cet unique fil continu, lequel peut atteindre une longueur de 1.000 à 1.500 mètres. Nous parlerons plus loin du dévidage des cocons et de l'industrie de la soie. Nous allons d'abord passer en revue les diverses phases du développement des Vers à soie et exposer de quelle manière on les élève.

Sériciculture.

Magnaneries. — On donne à l'élevage rationnel des Vers à soie le nom de *Sériciculture* (du latin *sericum*, soie). Les locaux utilisés pour l'élevage des Vers à soie sont appelés *magnaneries*. Il y a des magnaneries dans plusieurs régions du midi de la France où le mûrier pousse facilement, comme les Cévennes, les Alpes, les Pyrénées, la Provence et la Corse. La meilleure race de Vers à soie provient des Cévennes, et on croit que ce fait est dû surtout à la qualité du sol où croissent les mûriers, et par conséquent à la nature des feuilles servant de nourriture aux chenilles.

Contrairement à ce qu'on pourrait supposer, en comparant l'industrie du ver à soie à beaucoup d'autres, il est plus avantageux et plus rationnel actuellement de ne pas la pratiquer sur une très grande échelle. Si l'on affecte de spacieux locaux et une grande quantité d'ouvriers uniquement à l'élevage du ver à soie, la dépense de bâtisse et de main-d'œuvre n'est pas encore compensée par les résultats obtenus, et on risque davantage la contagion de toutes les maladies qui s'attaquent à cet insecte.

Généralement, dans les pays ou l'on s'occupe de l'industrie de la sériciculture, on affecte une partie de chaque maison d'habitation à l'élevage des vers à soie, et ce sont presque exclusivement les membres de chaque famille qui sont chargés de la surveillance attentive que réclament ces animaux. Il va sans dire

qu'il existe beaucoup de magnaneries plus considérables, mais les résultats obtenus par des soins
patients qui ne sont pas prodigués sur un trop grand
espace sont toujours les plus sûrs, au dire de la plupart des sériciculteurs.

La magnanerie doit se composer d'une ou plusieurs
pièces faciles à aérer et à chauffer de manière à les
maintenir aux températures que l'on désire. Généralement on consacre une pièce, à un étage inférieur,
pour la conservation et le triage des feuilles de
mûrier dont on doit avoir toujours une provision
maintenue fraîche.

Conservation de la graine. — On appelle
vulgairement graine l'œuf du *Bombyx mori*. Les œufs
ou graines sont de petits corps ovales, aplatis, qui
passent de la teinte jaune clair au lilas (fig. 89-1).
On doit les conserver dans une pièce froide où la
température n'atteigne jamais 10°, jusqu'au moment
choisi pour l'incubation.

Incubation. — Quand la saison paraît favorable,
c'est-à-dire au moment où les feuilles du mûrier
commencent à se développer et où l'on pense ne plus
avoir à craindre de gelées tardives, on fait passer
insensiblement les œufs ou graines, de 10° à 20°.
On les maintient à 20° pendant quelque temps, puis,
lorsqu'on s'aperçoit que les œufs prennent une teinte
blanche, on augmente la température jusqu'à 25°.
Cette dernière température doit être maintenue
sans changements depuis ce moment jusqu'à celui
de l'éclosion des vers à soie.

Eclosion : mues. — A l'éclosion, le ver à soie n'a

que quelques millimètres de longueur ; il est de couleur noire en naissant, mais il blanchit peu à peu. On commence immédiatement à le nourrir avec des pousses tendres et de jeunes feuilles de mûrier. Pendant tout le temps que dure leur vie larvaire, les vers à soie absorbent une quantité énorme de ces feuilles qu'il faut récolter presque journellement

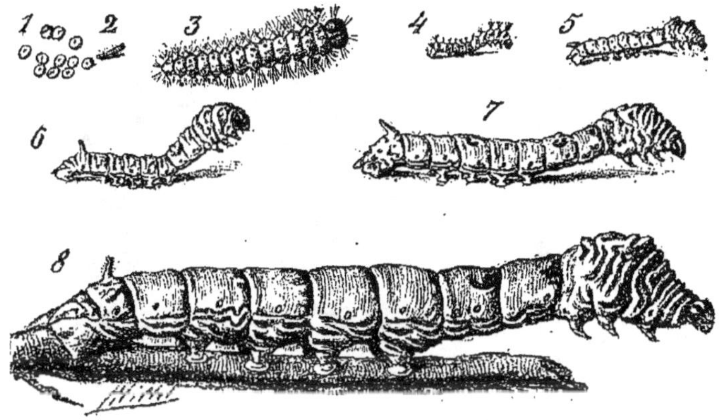

Fig. 89. — Différentes phases du développement des Vers à soie.

1, œufs ; 2, chenille au moment de l'éclosion ; 3, la même grossie ; 4, chenille après la première mue ; 5, après la deuxième mue : 6, après la troisième mue ; 7, après la quatrième mue ; 8, ver à soie adulte prêt à filer.

à leur usage. La vie larvaire (fig. 89) comprend cinq périodes ou cinq *âges* successifs. Le premier âge dure quatre jours, au bout desquels la chenille change de peau une première fois. C'est ce qu'on appelle la *mue*. Le second âge a la même durée que le premier, il se termine par une seconde mue ; après la deuxième mue, vient le troisième âge, qui dure six jours ; il est suivi d'une troisième mue. Le quatrième âge dure le même temps que le précédent ; enfin, après la quatrième et dernière mue, vient le cinquième âge qui dure neuf jours, durant lesquels le ver à soie manifeste un appétit considérable ; cette dernière période de sa vie larvaire se termine par ce qu'on appelle la *montée*.

Montée. Cocon. — A la fin du cinquième âge, on dispose devant les chenilles des brins légers, ou des ramilles, dressés verticalement le long des claies où se trouvent les vers à soie dans les magnaneries. Ce sont ordinairement des branches de

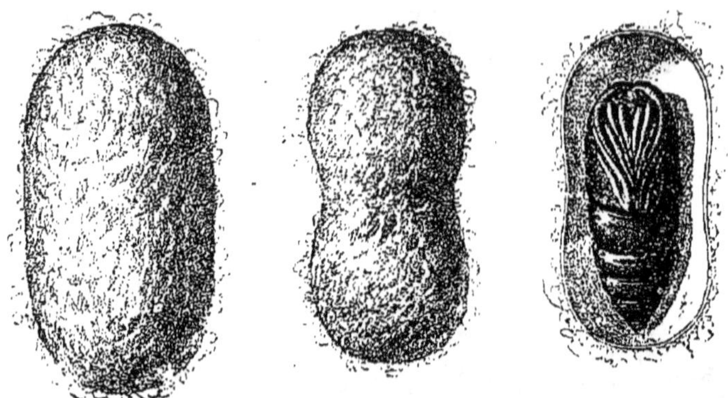

Fig. 90. — Deux formes de cocon de ver à soie, et cocon ouvert pour permettre de voir la chrysalide.

bruyère, c'est pourquoi on dit que les vers à soie *montent à la bruyère*.

Chaque chenille en effet, se met en devoir de grimper, avec beaucoup de vivacité si elle est bien portante, sur cette bruyère, où elle s'arrête bientôt pour commencer à filer son cocon (fig. 90). Elle commence par amarrer solidement son fil en tous sens à la brindille, puis elle trace tout autour d'elle une sorte de réseau qui devra la guider pour le reste de son travail.

Ce tissage préalable se trouvera à la surface du cocon ; et c'est ce qu'on appelle la *bourre*, que l'on peut utiliser mais non dévider comme le reste du cocon. La chenille se place ensuite au centre et commence à tourner sur elle-même en remuant constamment la tête pour faire passer la soie dans toutes les directions voulues. Elle met plusieurs jours à terminer son cocon et reste ensuite immobile pour subir une première métamorphose et devenir chrysalide. Près d'une vingtaine de jours après celle-ci, une seconde métamorphose se produit, la chrysalide se transforme en papillon (fig. 91), C'est alors que l'insecte s'échappe du cocon, en ramollissant les fils soyeux avec un liquide que sécrète une glande s'ouvrant tout près de sa bouche et qui dissout le *grez* ou vernis de la soie ; il écarte ensuite les fils avec ses pattes, *sans les rompre* comme on le croit communément, et sort enfin du cocon.

Fig. 91. — *Bombyx mori* à l'état de papillon.

Maladies des vers à soie.

— Les chenilles du *Bombyx mori* sont sujettes à de nombreuses maladies, dont quelques-unes sont épidémiques et même parfois héréditaires.

Ces maladies sont : la *pébrine*, la *flacherie*, la *grasserie* et la *muscardine*. Les deux premières sont les plus terribles, et toutes deux contagieuses et héréditaires. La pébrine a provoqué, surtout de 1849 à 1870, des épidémies qui se changèrent en un véritable fléau dans toutes nos provinces où la sériciculture était le plus développée ; on fut même tenté, dans certaines régions, de renoncer à cette industrie.

Pasteur, envoyé en mission dans le midi de la France, afin de rechercher l'origine de la maladie appelée pébrine, put caractériser le petit organisme qu'avait déjà observé Cornalia et qui se trouve en profusion dans toutes les parties du corps de la chenille atteinte de cette maladie. Il ne découvrit aucun remède qui pût guérir les vers à soie malades, mais il préconisa le *grainage cellulaire,* et grâce à ce procédé et à l'examen microscopique des papillons, on put remédier à la terrible propagation héréditaire de la maladie. Actuellement la pébrine n'est plus guère à redouter lorsque ces précautions sont bien prises.

Grainage cellulaire et examen microscopique. — Le grainage cellulaire consiste à conserver isolément chaque femelle, en même temps que les œufs qu'elle vient de pondre.

On sépare la ponte et le papillon. On broie le corps du papillon avec un peu d'eau et on en examine un fragment au microscope. La pébrine se reconnaît immédiatement à la présence de petits corpuscules ovoïdes et brillants. Si l'on en découvre quelques-uns, le papillon et sa ponte doivent être jetés immédiatement et on prend soin de ne pas propager l'épidémie. Si au contraire on ne voit aucun de ces petits corpuscules apparaître au microscope, on peut conserver les œufs pondus par le papillon qu'on vient d'exa-

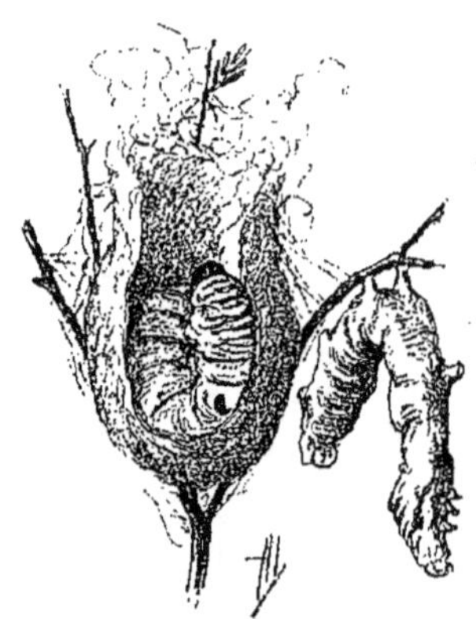

Fig. 92. — Vers-flats.

miner, et on est à peu près certain de ne pas voir la maladie se développer plus tard dans les jeunes chenilles, pourvu que l'on entretienne une bonne hygiène dans les magnaneries.

Pasteur a étudié aussi la *flacherie*. Les chenilles atteintes de cette maladie sont dites *morts-flats* ou *vers-flats* (fig. 92). C'est une affection également héréditaire et contagieuse, due à des microorganismes qui se développent soudainement chez les chenilles et les tuent en pleine croissance. Pasteur a observé qu'en broyant des feuilles fraîches de mûrier dans de l'eau, on pouvait y constater la présence des mêmes microorganismes. La maladie a donc uniquement pour cause un arrêt de la digestion qui permet aux microorganismes existant dans la feuille de se développer assez rapidement pour envahir tout l'organisme du ver à soie. Le seul remède préventif consiste à surveiller minutieusement la bonne aération des magnaneries. C'est en effet à un arrêt de la transpiration des chenilles qu'est dû cette sorte de choléra foudroyant, capable de détruire des milliers de larves.

On peut quelquefois, en faisant jeûner les larves au début de la maladie, et en aérant les pièces en même temps qu'on les chauffe, prévenir l'épidémie. Mais, généralement on ne peut que transporter rapidement les vers à soie encore sains dans un autre local, et désinfecter très soigneusement la magnanerie.

La *grasserie*, maladie assez peu dangereuse, est due aux courants d'air froid, aux différences subites de température, à l'humidité des feuilles donnée comme nourriture. Le ver à soie atteint de grasserie meurt dans l'intérieur du cocon.

Enfin la *muscardine*, due à une infection par un

champignon, ne peut être combattue que par l'assèchement de l'air au moyen de la chaux vive.

Industrie de la soie. — Pour préparer la soie, on commence par trier les cocons, de manière à n'employer, pour être travaillées ensemble, que les soies de même qualité. Ensuite on expose les cocons à la vapeur d'eau bouillante afin d'étouffer les chrysalides. On plonge les cocons dans l'eau chaude, de façon à ramollir le grez ou vernis de la soie, puis on commence à dévider le fil de soie. Un fil plus épais est composé alors en réunissant les fils de plusieurs cocons, de 3 à 20 ; ce fil est mis sur un *dévidoir*, et enfin, un *moulin à soie* tord ensemble ou isolément les fils de ces écheveaux ; cette opération s'appelle le *moulinage* de la soie.

La soie n'ayant encore subi que l'opération du dévidage est appelée soie *grège*. Ensuite, elle prend successivement les noms de :

Soie *crue* ou *écrue*, lorsqu'elle a été simplement moulinée ;

Soie *cuite*, quand la soie a été passée à l'eau chaude ;

Soie *décreusée* quand la soie a été complètement débarrasssée du grez au moyen de l'eau de savon bouillante.

Quant à la bourre des cocons, elle ne peut être dévidée, mais on la carde et on la file. On utilise aussi les cocons défectueux et les déchets de soie sous le nom de *schappes*.

La soie est tissée pour former différentes sortes d'étoffes connues sous les noms de *soies*, *satins*, *taffetas*, *velours* et *peluches de soie*, *mousselines*, *tulles*, *dentelles* de soie, etc. Le tissage de la soie ne s'opère pas d'une façon sensiblement différente des autres tissages.

On fabrique aussi des soies brochées, qui acquièrent une très grande valeur. C'est à Lyon que l'industrie de la soie est la plus importante. Les autres grands centres de cette industrie sont Tours et Saint-Etienne.

Crin de Florence. — C'est avec les vers à soie que l'on obtient le *crin de Florence* ou crin à pêcher, utilisé aussi en médecine. Pour le fabriquer, on détache la tête du ver à soie sur le point de filer et on fait sécher à l'air le fil que l'on en tire, la chenille ayant été mise à macérer auparavant un certain temps dans du vinaigre. Le fil obtenu est très consistant.

3. — **Cantharide**.

La *Cantharide* est un Coléoptère dont le corps renferme une substance spéciale ayant des propriétés révulsives, la *cantharidine*. Elle vit en France sur certains arbres : le frêne, le troène, et le lilas, mais on n'en fait pas de récolte abondante. Les Cantharides proviennent généralement de Russie. On les récolte en secouant les branches où se trouvent les insectes et en recueillant ceux-ci dans des draps étendus à terre. Les Cantharides sont ensuite desséchées, et pilées avec d'autres substances révulsives. On les emploie sous forme de *vésicatoires*.

III

CRUSTACÉS

Caractères généraux. — Les Crustacés appartiennent, comme les Insectes, à l'embranchement des Arthropodes. Ils sont surtout caractérisés par leur adaptation à la vie aquatique ou tout au moins à la vie dans l'air humide, et par le fait qu'ils respirent au moyen de branchies, et non à l'aide de trachées comme les trois autres groupes d'Arthropodes : Insectes, Myriapodes et Arachnides.

Le corps des Crustacés se compose de deux régions : en avant, une partie qui correspond à l'ensemble de la tête et du thorax chez les Insectes ; on l'appelle le *céphalothorax* ; et en arrière, une partie formée par plusieurs anneaux que l'on distingue facilement les uns des autres, c'est l'*abdomen*. Le céphalothorax et l'abdomen portent des appendices dont le nombre et la forme varient suivant les espèces.

Le corps des Crustacés est généralement protégé par une peau plus ou moins incrustée de calcaire ; ils changent cette carapace de temps en temps.

Chez ces animaux, l'appareil digestif est assez simple ; il se compose essentiellement d'un très court œsophage, d'un estomac, et d'un intestin non replié.

L'appareil circulatoire est constitué par un cœur qui envoie le sang oxygéné dans des artères le distribuant dans tous les organes. Le sang venant des organes se rassemble dans des lacunes, puis est amené aux branchies dans des vaisseaux spéciaux (artères branchiales) ; il quitte les branchies par les veines branchiales qui l'amènent dans une poche entourant le cœur de toutes parts ; de là, le sang repasse dans le cœur.

L'appareil respiratoire est constitué par des branchies en forme de houppes, situées à la base des pattes.

Les Crustacés pondent des œufs nombreux et les jeunes subissent plusieurs mues, soit à l'intérieur de l'œuf, soit après l'éclosion.

Applications des Crustacées. — Plusieurs Crustacés sont employés dans l'alimentation ; certains vivent dans la mer, ce sont le Homard, la Langouste, la Crevette, le Crabe ; au contraire, l'Ecrevisse vit dans les rivières, les ruisseaux, les lacs et les étangs.

Nous allons passer en revue ces différents animaux, en indiquant la manière dont on les capture ou dont on les élève.

1. — Crustacés marins.

Homard. — Le Homard (fig. 93) est un Crustacé de grande taille, armé de fortes pinces aux pattes antérieures ; il vit au nord de l'Océan Atlantique et séjourne de préférence dans les roches. On le pêche beaucoup sur les côtes de Bretagne. On pêche aussi sous le nom de Langoustin un Crustacé très voisin du Homard.

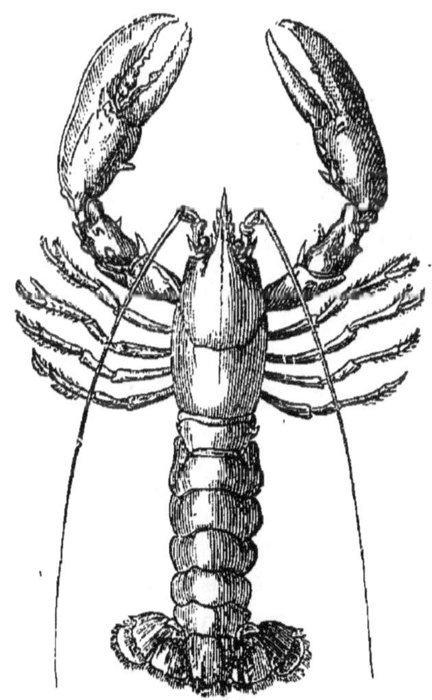
Fig. 93. — Homard.

Langouste. — La Langouste remonte moins au nord que le Homard ; elle est de taille à peu près semblable mais elle est dépourvue de pinces ; sa carapace, au lieu d'être lisse, est épineuse, et elle porte de longues antennes. On la pêche surtout dans la Méditerranée ; sa chair est encore plus fine que celle du Homard. Les larves de Langoustes, très différentes de la Langouste adulte, sont appelées *Phyllosomes*.

Crevette. — La Crevette rappelle par sa forme

Fig. 94. — Crevette grise (en bas) et crevette rose ou Bouquet (au-dessus).

le Homard et la Langouste, mais elle est de très petite taille, et sa carapace, munie d'une sorte de prolongement en arête est très mince et presque transparente. La Crevette se pêche sur nos côtes sablonneuses, dans l'Océan et la Méditerranée. On distingue deux espèces de Crevettes comestibles : la *Crevette grise*, très commune, et la *Crevette rose* ou *Bouquet*, plus grande et plus appréciée. D'autres Crustacés qui se rapprochent des Crevettes, les *Nikas*, les *Pandalus* et les *Pénées*, sont également comestibles.

Crabe. — Le Crabe est un Crustacé comestible, bien que moins apprécié que les espèces précédentes. Sa forme est différente de celle des Crustacés marins dont nous avons parlé jusqu'ici; muni de fortes pinces comme le Homard, il a une carapace large et aplatie; le céphalo-thorax est énorme et l'abdomen peu développé; à l'état de larve, il a une forme toute autre, et il est alors appelé *Zoé*. Parmi les différentes espèces

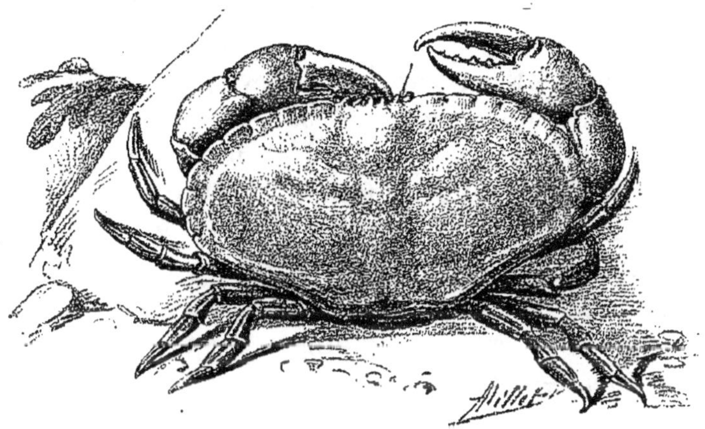

Fig. 95. — Crabe tourteau.

de Crabes, les espèces comestibles sont le *Tourteau*, le *Crabe enragé*, l'*Araignée de mer* et le *Portune étrille*.

Pêche. — On pêche le Homard et la Langouste au moyen de casiers munis d'appâts, de nasses, ou de balances. La Crevette est pêchée, tantôt avec des nasses, tantôt avec des chaluts, sorte de filets dont nous avons déjà parlé.

On peut conserver assez longtemps dans des viviers les Homards et les Langoustes après leur capture.

2. — Astaciculture.

On appelle *Astaciculture* (du latin *astacus*) l'élevage rationnel de l'Ecrevisse dans les viviers, les ruisseaux ou les rivières.

L'Ecrevisse est un Crustacé d'eau douce d'assez petite taille, mais très apprécié. En France, ou en connaît deux espèces ; l'*Ecrevisse à pattes rouges* qui vit dans les lacs, les rivières, même profondes, et les étangs, même vaseux, pourvu que le fond en soit calcaire, et l'*Ecrevisse à pattes blanches* qui vit dans les petites rivières ou les ruisseaux rapides, sur un fond de cailloux. Celle-ci ne parvient pas à une aussi grande taille que la première, et elle est de toutes façons moins appréciée.

Depuis quelques années, l'Ecrevisse a disparu de beaucoup de rivières et d'étangs, à cause d'une terrible épidémie dont on n'a pu arrêter les progrès, et qu'on a appelée *peste des Ecrevisses*. C'est pourquoi on tente, grâce aux méthodes appliquées en astaciculture, de repeupler en Ecrevisses la plupart de nos cours d'eau où elles ont totalement disparu. L'accroissement de ce Crustacé est très lent, à cause des nombreuses mues qu'il doit subir, puisqu'il change de carapace chaque fois qu'il change de taille. L'Ecrevisse court toujours des dangers nombreux au moment de la mue, et, de plus, elle a besoin d'une grande tranquillité pendant toute la durée de l'incubation des œufs, qui est très longue. L'élevage de l'Ecrevisse est donc lent et offre de nombreuses difficultés.

Il ne peut être question dans l'élevage des Ecrevisses de la reproduction artificielle comme on la pratique aisément en pisciculture. L'élevage consiste donc à peupler les eaux favorables avec des sujets adultes, à protéger les Ecrevisses, surtout au moment de la mue et de la reproduction, à leur procurer une alimentation qui leur convienne, et les abris ou refuges qui leur sont nécessaires. C'est *l'Ecrevisse à pattes rouges* que l'on cherche toujours à faire prospérer, comme étant l'espèce la meilleure.

Refuges. Alimentation. — L'eau où l'on veut élever les Ecrevisses doit toujours être calcaire ; le carbonate de chaux est en effet indispensable à l'animal pour former la substance de sa carapace. On choisit généralement les eaux où poussent des *Chara*, plantes aquatiques qui renferment des sels calcaires ; on peut même introduire ces plantes dans les eaux où l'on cherche à acclimater l'Ecrevisse.

Comme la femelle, pour attendre l'éclosion des œufs, se creuse une retraite où elle doit rester six à sept mois, il est utile, si les bords du cours d'eau ou de l'étang ne sont pas suffisamment rocailleux ou plantés d'arbres dont les racines constituent des refuges, de créer des îlots artificiels sous lesquels les Ecrevisses puissent trouver un abri.

Quant à leur alimentation, elle consiste en mollusques, vers, frai de poissons, petits crustacés, et plantes aquatiques, telles que le Chara. On peut y ajouter une alimentation artificielle qui consiste en déchets de viande par exemple. Il faut avoir soin de ne pas introduire dans les eaux à Ecrevisses certains poissons d'espèce carnivore, comme la Perche et le Brochet ; mais la présence des poissons herbivores, comme la Carpe, la Tanche, etc., n'offre aucun inconvénient pour l'élevage des Ecrevisses.

On peut profiter de l'élevage des Ecrevisses pour pratiquer en même temps la culture du Cresson de fontaine qui se plaît dans les mêmes eaux.

Pêche. — On pêche généralement les Ecrevisses au moyen de *balances*, sortes de filets suspendus à des ficelles et qu'on amorce avec des débris de grenouilles ; ces balances sont descendues avec précaution, vers le coucher du soleil, car l'Ecrevisse est un animal nocturne qui ne s'aventure guère le jour hors de sa cachette. Au bout d'un certain temps, quand on suppose que les Ecrevisses s'y sont aventurées, on relève les filets.

On pratique aussi la pêche des Ecrevisses au moyen de nasses ou de fagots munis d'appâts et descendus dans l'eau comme les balances.

CHAPITRE III

VERS

I

Caractères généraux. — L'embranchement des
Vers renferme des animaux caractérisés par un corps
mou, divisé en un certain nombre d'anneaux, dépourvu de membres, et dont la peau n'est pas incrustée de matières dures.

On divise généralement ce groupe d'animaux en
deux parties : les Annélides, qui vivent en liberté,
comme la Sangsue par exemple, et les Vers parasites,
qui vivent en parasites sur l'Homme ou sur d'autres
animaux.

Le seul animal du groupe des Vers dont nous
aurons à nous occuper ici étant la Sangsue, nous
rappellerons seulement les caractères généraux des
Annélides sans nous arrêter à ceux des Vers parasites.

Le corps des Annélides est divisé en anneaux
présentant chacun deux moignons auxquels on
donne le nom de *parapodes*. Sur ces parapodes,
qui servent de pieds, sont souvent fixées des soies

servant à la locomotion. Ces soies, qui existent chez le Ver de terre par exemple, manquent chez la Sangsue où la locomotion est facilitée par l'existence d'une ventouse à l'avant et d'une autre à l'arrière du corps.

Tous les anneaux sont à peu près semblables et renferment le tube digestif, le système nerveux, les vaisseaux sanguins, etc. Il n'y a pas d'organes spéciaux pour la respiration ; les échanges gazeux se font par toute la surface de la peau.

1. — **Hirudiculture**.

On a donné le nom d'*hirudiculture* (du lat. *hirudo*, sangsue) à l'élevage des Sangsues.

Certaines espèces de Sangsue, qui se nourrissent

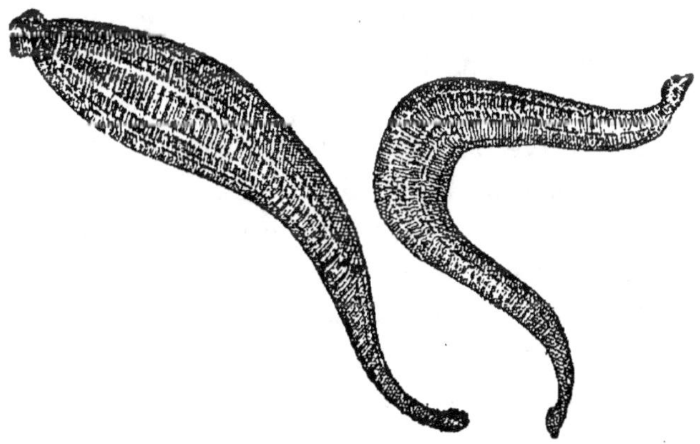

Fig. 96. — Sangsues.

de sang, sont pourvues de trois petites mâchoires ; lorsqu'elles ont soulevé la peau de l'animal sur lequel elles se sont fixées, en se servant de leur lèvre antérieure comme d'une ventouse, elles la coupent à l'aide de ces mâchoires et absorbent le sang qui s'écoule de la plaie.

Une sangsue peut ainsi accumuler jusqu'à 15 grammes de sang. C'est cette propriété particulière que possèdent les sangsues de se nourrir de sang qui est utilisée en médecine dans certains cas. L'espèce généralement employée est la *Sangsue grise* ou Sangsue médicinale. C'est un Ver dont la face dorsale est convexe, tandis que la face ventrale est plate ou un peu concave. L'animal porte, comme nous l'avons dit, une ventouse à chacune de ses extrémités, et peut, tantôt s'allonger en forme de ruban aplati, tantôt se contracter en forme d'olive. La Sangsue grise est d'un vert foncé semé de taches noires sur la face ventrale, son dos est d'un gris olivâtre marqué de six bandes longitudinales.

Les Sangsues vivent dans l'eau des ruisseaux et s'y nourrissent du sang des animaux auxquels elles s'attachent. C'est leur genre de vie et de milieu qui explique pourquoi l'emploi des Sangsues, occasionnant souvent des inflammations de la peau après leur application, n'est plus aussi en faveur qu'autrefois. On ne s'en sert que dans certains cas graves où elles peuvent être utiles. Cependant il s'en fait un commerce encore assez important puisque la pharmacie les utilise régulièrement, et que certains pays qui en sont dépourvus s'en approvisionnent en France.

On élève les Sangsues, soit dans des étangs naturels, où il suffit de les nourrir de temps en temps, et de s'abstenir de les pêcher pendant l'époque de la ponte, soit dans des étangs artificiels. C'est principalement dans le Bordelais que se pratique l'élevage des Sangsues. Elles y vivent dans des marais artificiels qui doivent être tourbeux et alimentés par des eaux pures, plutôt tièdes, ne renfermant pas une forte proportion de substances minérales, alcalines, ou acides. On nourrit les Sangsues artificiellement avec le sang des animaux vertébrés, et c'est une erreur de croire que les Sangsues doivent, pour bien se développer, sucer ce sang sur l'animal vivant.

Il suffit de leur donner du sang provenant d'animaux de boucherie qu'on vient d'abattre. Après avoir débarrassé ce sang de la fibrine, on le place sur des planchettes légèrement creuses flottant sur l'eau et les Sangsues viennent s'en nourrir. Il est donc, non seulement cruel, mais inutile, de promener dans les marais à sangsues des ânes ou des chevaux vivants comme le font encore beaucoup d'éleveurs. De plus, il est malsain de nourrir les Sangsues qui doivent être utilisées en médecine avec des animaux malades qu'on refuse d'abattre dans les boucheries.

Les Sangsues restent engourdies pendant l'hiver.

Elles ont de nombreux ennemis, les Cloportes qui mangent les jeunes Sangsues, les Poissons, les Canards, les Musaraignes, les Hérissons, qui poursuivent les Sangsues adultes et s'en nourrissent.

CHAPITRE IV

MOLLUSQUES

I

Caractères généraux. — Ainsi que l'indique leur nom, les Mollusques sont des animaux au corps mou. Ils ne sont pas divisés en segments, comme les Vers ; un grand nombre d'entre eux ont le corps protégé par une coquille calcaire qui est tout à fait extérieure aux organes.

L'appareil respiratoire des Mollusques est très variable, certains de ces animaux vivant dans l'air et d'autres vivant dans l'eau.

L'appareil circulatoire est toujours constitué par un cœur qui reçoit le sang oxygéné venant de l'appareil respiratoire et l'envoie par des artères dans toutes les parties du corps. En sortant des dernières ramifications des artères, le sang se répand dans les interstices des organes ; puis, il est recueilli par un système de veines plus ou moins complet qui le ramène aux organes respiratoires.

L'appareil digestif comprend toujours un œsophage, un estomac un intestin, et souvent un foie.

Le système nerveux est essentiellement constitué par une paire de ganglions situés au-dessus de l'œsophage, et deux autres paires situées au-dessous. Les ganglions d'une même paire sont reliés entre eux et, de plus, la paire qui est au-dessus de l'œsophage est reliée à chacune des paires inférieures par deux filets qui passent l'un à droite et l'autre à gauche de l'œsophage. Il y a donc chez les Mollusques deux colliers œsophagiens et non un seul comme chez les Articulés.

L'embranchement des Mollusques renferme un très grand nombre d'espèces qui peuvent être groupées en trois classes :

1° Les *Lamellibranches*, exemple : la Moule. Ces animaux sont pourvus d'une coquille formée de deux parties, appelées *valves*, mobiles l'une sur l'autre comme les deux moitiés d'un livre qui se ferme ; d'où le nom de *Bivalves*, que l'on donne souvent aux individus de ce groupe.

Les Lamellibranches sont *dépourvus de tête distincte*, aussi leur donne-t-on également quelquefois le nom d'*Acéphales*. Ils vivent dans l'eau et respirent au moyen de branchies qui sont constituées par des *lamelles*, d'où le nom de *Lamellibranches* sous lequel on les réunit le plus souvent. Ce sont des animaux fouisseurs, qui peuvent s'enfoncer dans la vase grâce aux mouvements qu'ils impriment à leur coquille.

2° Les *Gastéropodes*, exemple : l'Escargot. Les Mollusques appartenant à cette classe sont protégés par une coquille faite d'un seul morceau, en forme de tube enroulé en spirale autour d'un axe que l'on appelle *columelle*. Leur corps présente une tête distincte, un tronc, qui renferme les principaux organes et se trouve généralement logé dans la coquille, et un pied qui leur sert pour ramper. Certains Gastéropodes vivent dans l'eau, soit dans la mer, soit dans les eaux douces, et respirent par des branchies, d'autres vivent dans l'air et respirent par des poumons, tous sont des animaux rampants.

3° Les *Céphalopodes*, exemple : la Seiche. Ces animaux sont dépourvus de coquille extérieure ; certains possèdent une coquille interne. Leur corps est composé de deux parties : 1° une sorte de sac mou, qui contient la plupart des organes ; 2° la tête, très grosse, qui semble sortir de ce sac, et à la partie supérieure de laquelle se trouvent fixés des bras ou tentacules, disposés en une couronne. A la surface de ces bras se trouvent des ventouses qui servent à prendre les aliments. Les Céphalopodes sont des animaux nageurs, vivant dans la mer, et respirant par des branchies.

Applications des mollusques. — L'embranchement des Mollusques renferme de nombreuses espèces qui sont utilisées surtout dans l'alimentation. Certaines font l'objet d'une pêche plus ou moins active ; d'autres ne sont pas seulement pêchées, on les élève de plus dans des conditions particulières dont nous aurons à dire quelques mots. C'est ainsi que, parmi les Lamellibranches, les Huîtres font l'objet d'une industrie très développée, *l'ostréiculture;* les Moules font l'objet d'une autre industrie, la *mytiliculture ;* la Palourde, le Cardium, le Clovisse, le Peigne, le Couteau, etc., sont pêchés sur différents points de nos côtes.

Le groupe des Gastéropodes nous fournit l'Escargot, le Vignot, le Murex, etc.

Enfin celui des Céphalopodes renferme lui aussi un certain nombre d'espèces intéressantes au point de vue de la Zoloogie appliquée ; tels sont : le Calmar, le Nautile, la Seiche, etc.

II

LAMELLIBRANCHES

1. — Huîtres.

Les Huîtres (fig. 97) sont des Mollusques Lamellibranches comestibles très appréciés. On les mange

Fig. 97. — Huître.

généralement vivantes, et par conséquent sans leur avoir fait subir aucune préparation culinaire. Leur provenance doit donc être connue, et l'état des eaux où elles ont séjourné avant d'être livrées à la consom-

mation doit être étroitement surveillé, car l'absence
de toute cuisson facilite le transport des microbes
par ces Mollusques.

Une huître pond environ deux millions d'œufs
pendant la saison de la fraie, en mai, juin, juillet,
août. Les œufs restent sous le manteau de l'huître

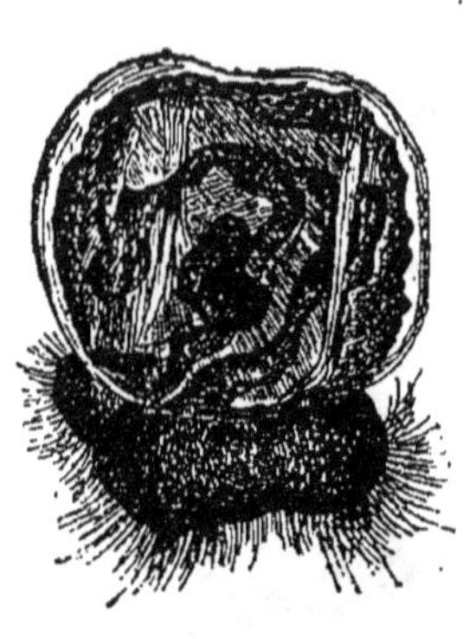

Fig. 98. — Larve d'huître
très grosse.

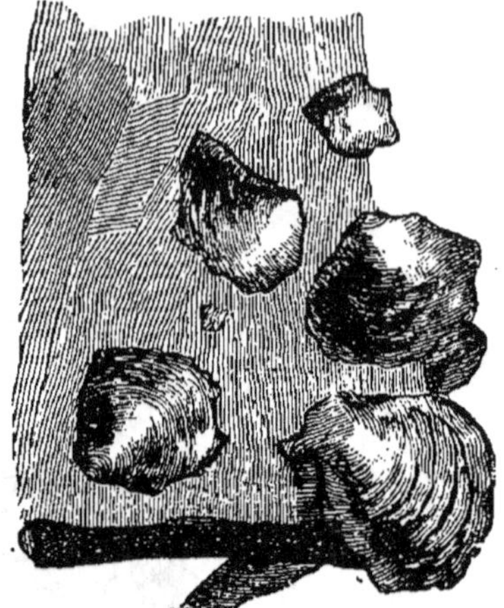

Fig. 99. — Huîtres d'âges
différents.

mère pendant toute la durée de l'incubation ; puis
les jeunes larves (fig. 98) dont l'ensemble constitue le
naissain s'échappent et nagent dans la mer au moyen
d'une petite couronne de cils vibratiles que chacune
possède, et qu'on appelle *voile*. Ces larves cherchent à
se fixer au voisinage de leur lieu d'origine, et quand
elles y sont parvenues, leurs cils vibratiles disparaissent, et leur coquille se développe peu à peu (fig. 99).
Une huître, d'après certains auteurs, pourrait vivre
vingt-cinq à trente ans ; elle est adulte quand elle a
dépassé cinq ans. On la livre à la consommation à
partir de trois ans.

Les huîtres, fixées aux rochers, sont réunies par

bancs, dont on connaît l'emplacement, et sur lesquels on les pêche.

En France, on exploite l'huître portugaise et l'huître indigène. On pêche l'huître indigène sur les bancs de Cancale, de la rivière d'Auray, de Tréguier, du bassin d'Arcachon, etc.

L'huître portugaise, qu'un hasard a introduite sur nos côtes, y a formé depuis de nombreux bancs à l'embouchure de la Gironde. Elle est moins appréciée des gourmets, mais c'est une huître plus rustique, qui s'accommode des eaux trop vaseuses pour le développement de l'huître indigène.

La pêche se fait soit à pied, soit en bateau. Les pêcheurs à pied se munissent de petites planchettes appelées *patins* qu'ils fixent sous léur chaussure, pour ne pas glisser sur le fond vaseux ; ils détachent les coquilles avec la main ou à l'aide d'une sorte de rateau. Les pêcheurs en bateau se servent d'un filet appelé *drague à huîtres*, muni d'un manche solide ; ce filet est en forme de poche allongée et porte en avant une lame de métal tranchant qui détache rapidement les coquilles en jouant le rôle d'une lame de couteau.

Ostréiculture. — L'*ostreiculture* est l'élevage industriel des huîtres ; ses premiers organisateurs furent Coste et de Bon vers 1852.

Cette industrie a fait de tels progrès que la pêche des huîtres sur leurs gisements naturels a beaucoup diminué d'importance On recueille surtout sur ces bancs le naissain qui s'échappe des huîtres mères, et on le transporte dans des bassins artificiels pour favoriser son développement.

Beaucoup de jeunes larves d'huîtres en effet,

faute de trouver un endroit pour se fixer, sont généralement perdues, sans parler du grand nombre
qui devient la proie des animaux marins. On s'est
donc préoccupé de recueillir ce naissain si abondant
et de le conserver à l'abri de ses ennemis naturels.

L'ostréiculture comporte trois branches : 1º la
récolte et la fixation du naissain ; 2º l'élevage des
huîtres ; 3º leur engraissement. Pour ces différentes
opérations, on a construit des *parcs* à huîtres, tous
à peu près semblables ; mais les trois parties distinctes
de l'industrie ostréicole que nous venons d'énumérer
forment souvent trois industries séparées.

Récolte du naissain. — Quand les larves constituant le naissain s'échappent par millions des
bancs où sont fixées les huîtres mères, on cherche
à le recueillir en plaçant, tout autour, des objets durs
sur lesquels les jeunes larves qui nagent, çà et là,
puissent se fixer. Quand les premiers essais furent
tentés dans ce but, on employait des fascines de bois
mort attachées à des cordages; mais bientôt on les
remplaça par des planchers en bois, dits *planchers
collecteurs*, et par des tuiles imbriquées en forme de
toits (fig. 100).

Les planchers collecteurs sont généralement construits à plusieurs étages espacés, de façon que les
remous produits par l'eau de mer circulant à travers
les planches favorisent la fixation du naissain.

Ces planchers sont généralement maintenus par des
pieux.

Les collecteurs en tuiles peuvent être formés de
tuiles disposées en rangées, ou bien, quand le fond
est vaseux ou mou, les tuiles sont disposées autour
d'un piquet enfoncé dans le sol. Ces groupes de tuiles

constituent des collecteurs *en bouquet,* ou *en champignon.* D'autres systèmes enfin sont connus sous
le nom de *ruches* : ce sont des charpentes de bois
renfermant des rangées de tuiles disposées en long
et en large, de façon à profiter des courants variés
qui se forment autour des surfaces collectrices.

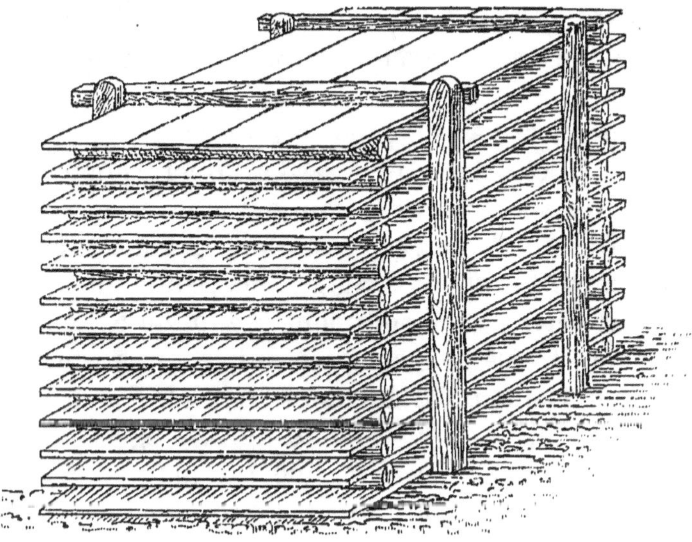

Fig. 100. — Planchers collecteurs.

La pose de ces divers collecteurs, soit autour des
bancs naturels, soit dans les parcs autour des huîtres
cultivées, ne doit pas être faite trop tôt, car leur
surface se recouvrirait de vase ou d'algues avant la
dispersion des larves, et celles-ci ne s'y fixeraient
pas. Le naissain recherche en effet pour s'y fixer une
surface nette, équivalente à celle des rochers lisses
des bancs naturels. Il ne faut pas non plus placer
les collecteurs après que le naissain a commencé
à se répandre dans l'eau de mer, car on perdrait
ainsi beaucoup de jeunes larves. On doit donc chaque

année surveiller les bancs d'huîtres et calculer d'après
l'époque et la température le moment de la dispersion
du naissain.

Détroquage.. — Les jeunes larves restent fixées
sur les collecteurs pendant tout l'été, et, généralement, en automne, on démonte les collecteurs, on
les débarrasse de la vase, et on les établit dans des
bassins spéciaux appelés *claires*, où l'eau de mer ne
pénètre qu'aux grandes marées. Les claires peuvent
être mises à sec au moyen de vannes.

On se livre un peu plus tard à l'opération du *détroquage*, c'est-à-dire que l'on détache avec soin les
mollusques de la surface à laquelle ils sont adhérents.
Si les huîtres étaient fixées à une tuile quelconque,
il serait presque absolument impossible de les en
détacher. C'est pourquoi les tuiles qui forment les
collecteurs sont préalablement enduites d'une épaisse
couche de chaux qui rend le détroquage très facile
à opérer. On chaule de même les planchers collecteurs en bois, pour la raison inverse ; car les huîtres
n'y seraient pas fixées assez solidement.

Caisses ostréophiles. — Certaines huîtres que
l'opération du détroquage a légèrement blessées sont
placées ensuite dans des caisses formées par des toiles
métalliques pour empêcher l'intrusion d'autres animaux de mer ; ces caisses sont appelées souvent du
nom d'*ambulances* ou de *caisses ostréophiles* ; dans
certaines régions, à Arcachon par exemple, on y met
toutes les jeunes huîtres après le détroquage.

Élevage. — Les huîtres sont ensuite posées sur
le sol des bassins ou parcs spéciaux aménagés pour
leur élevage, et qui reçoivent l'eau de mer ; on appelle

pousse une frange calcaire qui se forme deux fois par an autour de la coquille de l'huître et qui indique son accroissement.

Engraissement. — Généralement, les huîtres ne sont pas engraissées sur les mêmes côtes que celles où elles ont été récoltées et élevées. On les expédie dans des régions du littoral où l'on pratique surtout leur engraissement jusqu'à ce qu'elles aient atteint une grosseur suffisante pour être livrées à la consommation.

Propagation des maladies par les huîtres. — On a longtemps cru que les huîtres constituaient une nourriture malsaine pendant la période du frai (avril à septembre). Il est démontré que, si ces mollusques ont un goût moins agréable en cette saison, ils sont toutefois incapables de transmettre aucune maladie.

Les huîtres ont des maladies qu'il faut surveiller au point de vue de l'industrie ostréicole, mais aucune de ces maladies ne peut se transmettre à l'homme.

Tout au contraire, le bacille de la fièvre typhoïde, ou bacille d'Eberth, peut se propager au moyen des huîtres qui le prennent dans les eaux contaminées et peuvent le transmettre à l'homme. Ce danger, qu'on ne connaissait pas avant l'établissement des parcs à huîtres, est difficile à éviter d'une façon absolue. En général, les huîtres pêchées sur les bancs naturels ne peuvent pas transmettre cette maladie, mais si des parcs contaminés se trouvent dans leur voisinage, le danger subsiste encore.

Ce sont les parcs d'engraissement situés près des égouts dans le but de nourrir les mollusques plus rapidement et à peu de frais, qui ont propagé les bacilles et par là même ont beaucoup nui à l'industrie ostréicole. Même pour les huîtres pêchées au large ou engraissées d'une façon convenable, les parcs d'expédition et les bassins où ces huîtres séjournent d'une façon transitoire offrent de grands dangers et suffisent souvent à propager le bacille de la fièvre typhoïde.

Maladies des huîtres. — Les huîtres sont sujettes à certaines maladies, telles que la *leucocytose verte*, sorte de verdissement, qui n'a aucun rapport avec le verdissement normal des huîtres de Marennes ; la coloration déterminée par la maladie est un peu jaunâtre tandis que le verdissement normal donne à l'huître une teinte bleuâtre.

Les huîtres peuvent aussi avoir la *maladie du pied*, affection microbienne, qui affecte le muscle de la valve ; celle du *pain d'épice*, due à une Eponge, qui perfore la coquille ; le *typhus* et le *chambrage*, ces deux dernières dues à l'accumulation d'un trop grand nombre de Mollusques dans un espace donné.

Régions ostréicoles. — Il y a en France des parcs à huîtres sur beaucoup de points du littoral. Citons, pour la récolte du naissain, la Bretagne (Auray, etc.), Oléron, Arcachon ; pour les parcs d'engraissement : Belon (Morbihan), Courseulles (Calvados), Le Croisic (Loire-Inférieure), les Sables-d'Olonne (Vendée), Marennes, la Tremblade (Charente-Inférieure).

Verdissement physiologique des huîtres par les algues. — Les huîtres de Marennes dites *Marennes vertes* sont particulièrement appréciées ;

leur coloration provient de certaines algues dont elles se nourrissent. Aussi cherche-t-on à provoquer ce verdissement des huîtres en acclimatant ces algues (Diatomées) dans les parcs, et plus spécialement dans les parcs où séjournent les huîtres immédiatement avant d'être livrées à la consommation.

2. — Moules.

Les Moules (fig. 101) sont des mollusques qui se rapprochent beaucoup des Huîtres, et qui se pêchent

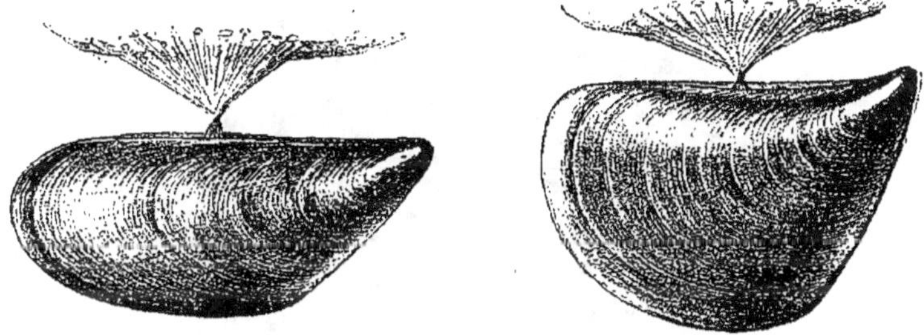

Fig. 101. — Deux espèces de moules. A gauche : *Mytilus edulis*;
à droite : *Mytilus provincialis*.

également sur nos côtes, spécialement à Caen, à Trouville, à Vannes, au Croisic, à Noirmoutiers, aux Sables-d'Olonne, à la Rochelle, à Rochefort, et à Marennes.

La Moule, plus petite que l'Huître, se pêche sur des bancs naturels appelés *moulières*. Elle redoute moins le froid que l'Huître, et se montre aussi moins difficile pour les eaux où elle séjourne.

On la fait généralement cuire avant de la manger, mais nous verrons que cette cuisson ne suffit pas à détruire certaine toxine qui peut se développer accidentellement dans le corps de ce Mollusque. La Moule est infiniment moins appréciée que l'Huître au point de vue comestible, et, par conséquent, elle est d'une valeur marchande très inférieure.

Mytiliculture.

On élève industriellement la Moule comme l'Huître mais depuis une époque bien plus ancienne ; cette

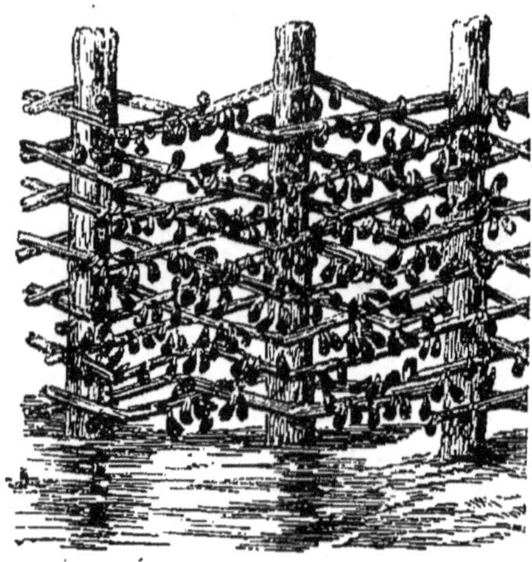

Fig. 102. — Bouchots chargés de moules.

industrie porte le nom de *mytiliculture*. Ce fut Patrick Walton, qui, au XIIIe siècle déjà, établit en France sa méthode, restée sensiblement la même aujourd'hui ; rappelons que l'ostréiculture ne date que du XIXe siècle.

Les collecteurs employés en mytiliculture portent le nom de *bouchots* (fig. 102) ; ce sont des pieux enfoncés dans le sol marin et qui s'élèvent à 2 mètres au-dessus de la vase. Ils forment des rangées au nombre de quatre, chacune de ces quatre rangées occupant une position différente.

Ceux qui sont placés le plus loin dans la mer et ne surgissent hors de l'eau qu'aux grandes marées, sont appelés *bouchots d'aval*. Ce sont eux qui reçoivent le naissain des moules.

Les bouchots qui forment la rangée suivante sont les *bouchots bâtards*, puis viennent les *bouchots miloins* et les *bouchots d'amont*. Sur ces trois dernières rangées, les pieux sont réunis entre eux par une sorte de palissade serrée. Le naissain vient se fixer, comme nous l'avons dit, sur les bouchots d'aval, qui sont indépendants les uns des autres ; les jeunes larves de moules y restent de février à juillet environ ; alors, elles ont atteint une certaine grosseur et on désigne leur ensemble sous le nom de *renouvelain*. On les détache des bouchots d'aval pour les transporter entre les palissades des bouchots bâtards que l'eau de mer découvre plus souvent.

Quand les moules ont acquis une taille plus importante, on les transporte alors sur les bouchots miloins, qui se découvrent encore plus fréquemment aux marées. Les moules sont, au bout d'une dizaine de mois, d'une taille suffisante pour être vendues ; on les place alors sur les bouchots d'amont, plus près du rivage, et de là on les transporte à terre.

C'est à marée basse que l'on va détacher les moules fixées aux palissades des bouchots. Pour cela, le pêcheur ou *boucholeur* glisse sur la vase dans une sorte de traîneau en bois qu'il dirige avec un de ses pieds pendant à l'extérieur ; on appelle ce traîneau un *acon* ou *pousse-pied*.

Les moules situées à la partie supérieure des bouchots ont plus de valeur que celles qui sont placées immédiatement au-dessus de la vase.

Une moule vit six ans à peu près et vers un an elle est mise en vente.

On appelle *repiquage* l'opération qui consiste à transporter les moules d'une rangée de bouchots à une autre.

Empoisonnements causés par les moules.— De nombreux empoisonnements ont été causés par les moules ; les accidents peuvent même être mortels. On a d'abord attribué la toxicité de ces Mollusques au cuivre des parois des navires contre lesquels ils se fixent quelquefois ; mais en réalité, la toxine provient du foie de certaines moules vénéneuses par elles-mêmes. Il faut ajouter que dans les eaux pures on a peu de chances de rencontrer de ces moules toxiques. Quant à la cuisson qu'on leur fait subir, si elle tue les microbes, elle né réussit pas à détruire les toxines ou ptomaïnes que ces microbes élaborent ; la toxine produite par le foie des moules malades a été désignée sous le nom de *mytilotoxine*.

3. — **Autres lamellibranches comestibles.**

En dehors de l'Huître et de la Moule, il faut citer encore quelques autres Mollusques Lamellibranches qui sont comestibles : la *Palourde* ou *Vénus*, le *Cardium* ou *Coque*, le *Clovisse*, le *Peigne* (fig. 103), la *Bucarde*, le *Solen* ou *Couteau*, etc.

Fig. 103. — Peigne.

III

GASTÉROPODES

Plusieurs Mollusques gastéropodes sont utilisés dans l'alimentation ; parmi les Gastéropodes ter-

Fig. 104. — Escargot.

restres, un seul, l'*Escargot*, est comestible. On le consomme généralement à l'automne ; l'espèce la

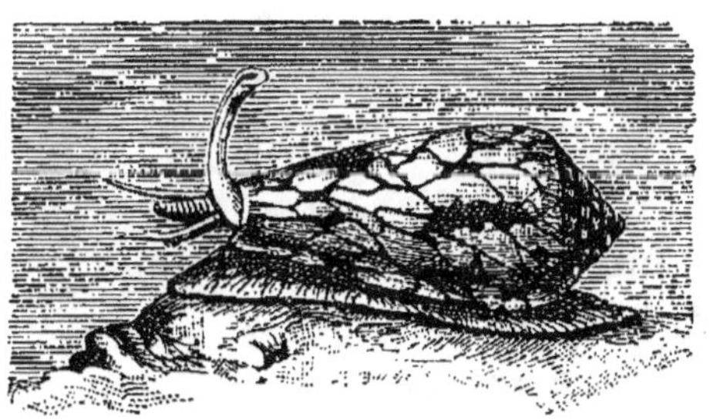

Fig. 105. — Cône.

plus estimée est celle connue sous le nom d'*Es-cargot de vigne* (fig. 104). Parmi les Gastéropodes aquatiques, citons des coquillages comestibles tels que les *Vignots* ou *Littorines*, les *Patelles*, les *Haliotides* ou *Oreilles de mer* connues aussi sous le nom d'*Or-meaux*, les *Bigorneaux*, etc.

Nous verrons que certains Gastéropodes marins tel que l'Haliotide fournissent de la nacre. Avec les coquilles du *Cône* (fig. 105) et du *Casque*, on fait des camées ; certains coquillages tels que la *Porcelaine*, le *Strombe*, etc., servent d'ornement par eux-mêmes. Enfin c'est un Gastéropode, le *Murex*, qui produit au moyen d'une glande spéciale la substance colorante connue sous le nom de *pourpre*.

IV

CÉPHALOPODES

Parmi les Mollusques céphalopodes, il en est de comestibles comme le *Calmar* ou *Encornet*, très estimé sur les côtes sud-ouest de la France. Le *Nautile* a une coquille tapissée de nacre, l'*Elédone* produit une sorte de musc et ce musc se transforme, quand l'animal est dévoré par un Cachalot, en une matière spéciale appelée l'*ambre gris*. Un autre Céphalopode, la *Seiche* (fig. 106), fournit deux produits utilisés de façons différentes : l'*os de seiche* (fig. 107), ainsi qu'on appelle vulgairement la coquille interne de l'animal, et la *sépia*, liquide noir produit par une glande spéciale.

Les os de seiche, accrochés dans les cages d'oiseaux, leur servent à s'aiguiser le bec. La sépia est employée en peinture et sert aussi à fabriquer l'encre à dessin dite *encre de Chine*.

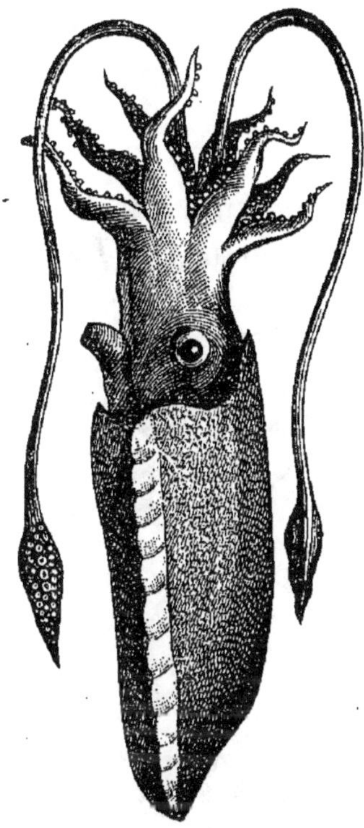

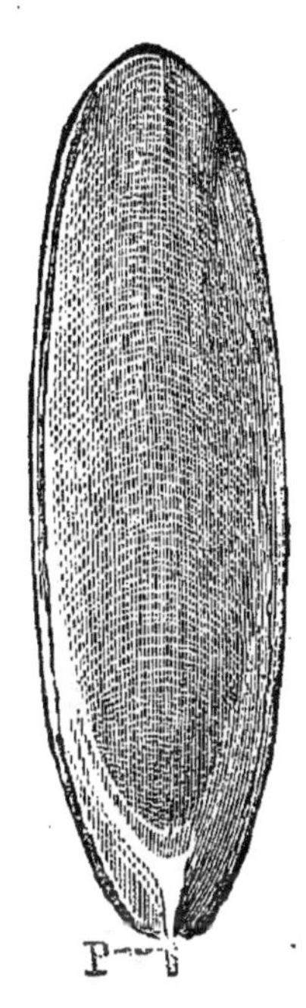

Fig. 106. — Seiche.   Fig. 107. — Os de Seiche.

V

NACRE ET PERLES

Beaucoup de Lamellibranches produisent de la nacre. La nacre est une substance de couleur laiteuse et irisée, composée surtout de carbonate de calcium, qui est formée par le manteau du Mollusque et recouvre l'intérieur de la coquille de plusieurs couches successives disposées en feuillets très minces.

Les *perles* sont de petits globules, formés d'une substance analogue qui se présente sous forme

de dépôts localisés au fond de la coquille. Cette substance est sécrétée accidentellement, sous l'influence
d'une lésion ou d'une excitation particulière de
l'animal.

Nacre. — Quant aux coquilles produisant de la
nacre, elles sont beaucoup plus répandues. La nacre

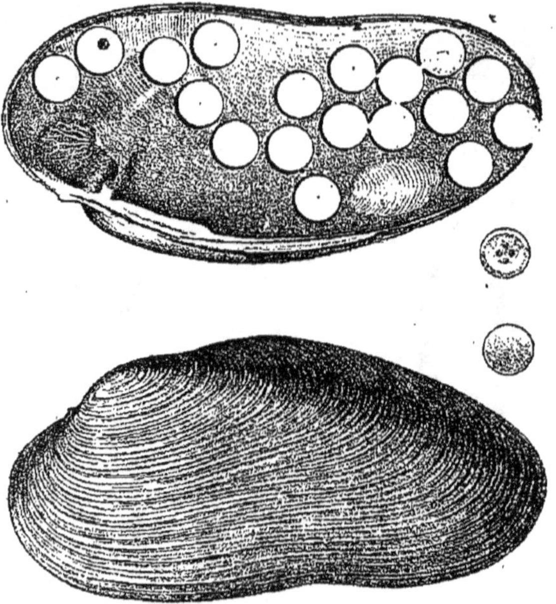

Fig. 108. — Unio sinué. En bas, une coquille normale. En haut,
une coquille dans laquelle on a découpé à l'emporte-pièce des
rondelles destinées à fabriquer des boutons de nacre. Sur le côté,
rondelle venant d'être détachée et bouton de nacre dont la fabrication est terminée.

vulgaire extraite des Huîtres ou des Unio sert à
fabriquer des boutons que l'on y découpe à l'emporte-
pièce (fig. 108).

En France, on travaille beaucoup la nacre de toutes
provenances. On en fait des montures d'éventail,

des incrustations de meubles et d'armes, etc. Dans le commerce, on emploie parfois les coquilles de Moules pour conserver certaines couleurs destinées à la peinture à l'aquarelle (fig. 109).

La nacre extraite des coquilles provenant des mers lointaines se divise industriellement en plusieurs sortes.

La plus belle est la *nacre franche* argentée, qui est d'un blanc éclatant irisé. Ensuite viennent la *nacre bâtarde blanche*, d'un blanc un peu gris, avec des reflets verts et rouges, la *nacre bâtarde noire*, d'un blanc bleuâtre, irisée de bleu, de rouge et de vert, la

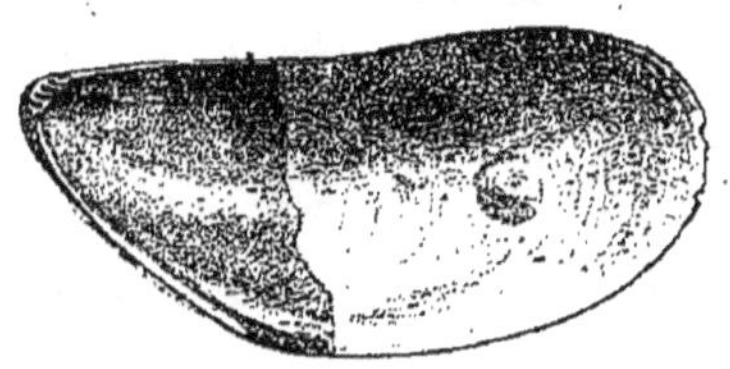

Fig. 109. — Coquille de Moule chargée d'argent pour l'aquarelle.

nacre noire de Californie dont le blanc argenté passe au vert à la partie inférieure de la coquille, et la *nacre d'Haliotide et Burgaudine*, irisée, provenant de coquillages appelées *Haliotides* ou *Oreilles de mer*, et des *Burgaudes*.

La nacre est produite par diverses espèces d'Huîtres, de Moules, les Unio, les Burgaudes, les Haliotides ou Oreilles de mer (Gastéropodes), les *Anodontes*, etc.

Perles. —Les perles sont d'une grande valeur, surtout lorsqu'elles sont assez grosses, sphériques, et pourvues de ces reflets spéciaux caractérisés sous le nom d'*orient*. Certains Mollusques, en effet, donnent naissance à des perles dépourvues de ce reflet et dites perles sans orient ; ces perles n'ont qu'une valeur assez faible. Les perles de forme irrégulière sont également de peu de valeur et sont connues sous le nom de *perles baroques*.

La perle n'est produite que par une certaine espèce d'Huître, la *Pintadine*, vulgairement appelée *Huître perlière* ; exceptionnellement, les Huîtres et les Moules d'eau douce produisent parfois des perles.

La Moule perlière est aussi appelée *Mulette* ; elle existe dans plusieurs fleuves d'Europe, et, en France, dans la Loire, et certains ruisseaux des Pyrénées.

On exploite les Huîtres perlières dans nos colonies, sur les bords de la mer Rouge, sur les côtes de la Guyane, en Océanie, aux îles Tuamotou et Gambier. Il en existe en Indo-Chine et à Madagascar, et sur plusieurs côtes de nos colonies où elles ne sont pas exploitées.

Pêche des Huîtres perlières. — Cette pêche est faite quelquefois par des scaphandriers mais la plupart des plongeurs se laissent glisser nus au fond de l'eau, les pieds posés sur une pierre, attachée à une corde, qui les entraîne vers le bas et qui sert ensuite à les remonter. Ils détachent les coquilles et les emportent dans un filet (fig. 110). Beaucoup de bancs très riches en pintadines ayant été épuisés, on a déjà fait quelques essais pour la culture des huîtres perlières et même pour la production forcée des perles ; mais ces essais n'ont pu encore prendre une importance industrielle.

Un perfectionnement a été apporté tout récemment à la pêche des huîtres perlières. Au lieu de jeter toutes les huîtres pêchées et de les laisser pourrir au soleil, comme on le faisait autrefois, avant de visiter les coquilles pour voir si elles contiennent des perles, on ne gaspille plus inutilement les mol-

lusques. Les huîtres sont examinées aux rayons
cathodiques qui révèlent la présence des perles s'il
y en a. Toutes les huîtres non perlières sont rejetées

Fig. 110. — Pêche aux huîtres perlières.

encore vivantes à la mer. On évite ainsi : 1° les
épidémies occasionnées par la pourriture des coquillages à l'air ; 2° le dépeuplement rapide des bancs.

CHAPITRE V

RAYONNÉS

Caractères généraux. — Les Rayonnés sont des animaux qui se distinguent de ceux que nous avons étudiés jusqu'ici parce que, au lieu d'avoir une droite et une gauche, et de présenter par conséquent une symétrie bilatérale, le corps de ces animaux, de l'Etoile de mer par exemple, est constitué par un certain nombre de parties semblables entre elles, disposées autour d'un centre ; ils présentent par conséquent une symétrie rayonnée.

Le groupe des Rayonnés comprend deux embranchements :

1º L'embranchement des Echinodermes, renfermant des animaux dont la surface du corps est dure et recouverte de piquants ou de rugosités, dont l'appareil circulatoire est distinct de l'appareil digestif, et dont le tube digestif est distinct de la paroi du corps ;

2º L'embranchement des Cœlentérés, renfermant des animaux dont la surface du corps n'est pas recouverte de piquants ou de rugosités, dont l'appareil circulatoire se confond avec l'appareil digestif, et dont le tube digestif se confond avec la cavité générale du corps. Le corps est généralement mou, mais il peut renfermer, chez certaines espèces, une partie pierreuse.

Applications des Rayonnés. — L'embranchement des Echinodernes ne renferme guère, comme animaux intéressants au point de vue de la Zoologie appliquée, que les Oursins. Celui des Cœlentérés renferme le Corail sur lequel nous aurons à nous arrêter car il est l'objet d'une industrie assez importante.

ECHINODERMES

1. — **Oursins**.

On mange, sous le nom de *Châtaignes de mer*, dif-

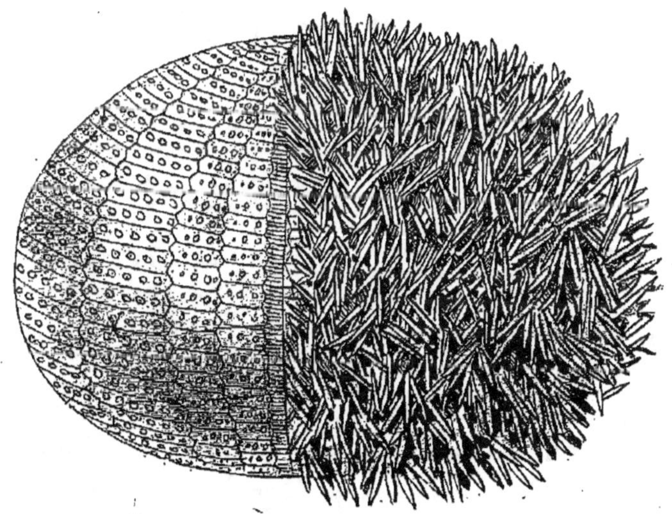

Fig. 111. — Oursin (on a enlevé les piquants sur la moitié gauche de l'animal).

férentes espèces d'*Oursins* (fig. 111) dont le corps couvert de piquants affecte une forme presque sphérique.

Plusieurs espèces d'Oursins sont comestibles.

CŒLENTÉRÉS

1. — Corail.

Le Corail est formé par une colonie arborescente fixée au moyen d'une sorte de pied aux roches sous-marines, et se développant généralement de haut en bas, comme un arbre renversé.

Le Corail (fig. 112) se compose : 1° d'une matière

Fig. 112. — Corail (à gauche un fragment grossi).

compacte et calcaire colorée en rouge ou en rose par de l'oxyde de fer, et dont les ramifications soutiennent la colonie vivante ; 2° de la partie vivante formant une sorte de carapace charnue. A l'intérieur circule, dans une sorte de système vasculaire, un liquide blanc, liquide nutritif connu sous le nom vulgaire de *lait du corail*.

Chaque individu, lorsque ses tentacules sont fermés, offre l'aspect d'un bourgeon ou d'un bouton ; il possède huit tentacules qui, lorsqu'ils sont déroulés, le font ressembler à une large fleur blanche pourvue de huit pétales (fig. 113). L'ensemble du support et des individus épanouis donne au Corail tout entier l'aspect d'un arbuste rouge fleuri de blanc. On n'utilise pour la bijouterie que le support, c'est-à-dire la partie non vivante et calcaire de la colonie du Corail. Cette matière calcaire seule, porte, dans l'industrie, le nom de *corail*.

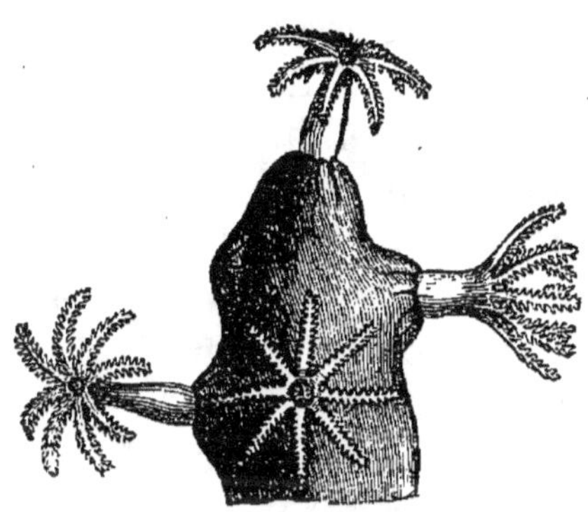

Fig. 113. — Corail (très grossi).

On distingue plusieurs variétés de corail : *le Corail rose*, appelé aussi *Peau d'ange*, qui a le plus beau coloris et qui est le plus estimé ; le *Corail rouge* ; le *Corail noir* ; ce dernier obtient sa coloration spéciale par la décomposition due à un long séjour dans la vase ; le *Corail blanc*. Enfin le *Corail mort*, constitué par les pieds ou racines ayant longtemps séjourné dans les fonds sous-marins, et qui sont généralement perforés par des vers et enveloppés d'algues.

Pêche. — Le Corail, principalement le Corail rouge, est très abondant dans la Mer Rouge et dans la Méditerranée. La France a conservé longtemps dans la Méditerranée le monopole de la pêche du Corail ; actuellement cette industrie est tout entière aux mains des Italiens. Sur les côtes de Tunisie et d'Algérie, cependant, nous pourrions encore exploiter la pêche du Corail de façon à en tirer un réel profit.

Les bancs de Corail s'étendent à une très grande

profondeur, jusqu'à 200 mètres au-dessous de la surface de la mer.

La pêche du Corail est une pêche difficile et pénible. Elle se fait dans des embarcations nommées *coralines* ; elle comprend la petite pêche, pratiquée près des côtes, et la grande pêche, faite au large. On emploie, pour détacher les rameaux de Corail, une sorte de croix en bois appelée *croix de Saint-André*, munie de cordages ou fauberts. Le tout étant relié au bateau, on traîne cet appareil au milieu des gisements de Corail, en dessous des rochers où les Coraux sont fixés très solidement. On enroule le câble qui soutient l'appareil à un cabestan ; les cordages s'accrochent autour des rameaux de Corail et finissent par les détacher grâce aux mouvements du cabestan.

On ne respecte pas assez les bancs de Coraux actuellement formés ou en formation, et les pêcheurs ne s'inquiètent pas beaucoup des suites de leur passage sur les bancs qu'ils dépouillent entièrement. On s'occupe depuis quelque temps de protéger les gîtes corallifères et c'est à cela que se borne ce qu'on a appelé la *coralliculture*.

Usages. — Le corail est travaillé au burin, et poli à l'émeri ; on le taille sous forme de perles à facettes, de perles rondes, d'olives, de bâtonnets. On donne le nom de *corail arabe* aux bouts allongés et cylindriques percés suivant l'axe, et généralement d'un rouge très vif. Le corail noir est employé pour les bijoux de deuil.

A Paris, on ne taille pas beaucoup le corail, mais on le monte en forme de bijoux : bagues, broches, colliers, bracelets, etc.

On appelle *puntarelles* des fragments de corail

percés, dont on fait des ceintures et des colliers très employés chez les Orientaux.

Le corail rose atteint parfois une très grande valeur.

CHAPITRE VI

SPONGIAIRES

I

Caractères généraux. — Les animaux appartenant à l'embranchement des Spongiaires vivent, les
uns dans la mer, les autres dans les eaux douces.
L'organisation des Spongiaires est assez simple.
Ce sont des espèces de coupes dont les parois sont
sillonnées de canaux s'ouvrant au dehors par deux
sortes d'orifices ; les uns sont étroits et sont appelés
les *pores*, ils servent à l'entrée de l'eau ; les autres,
moins nombreux, sont plus larges, on les nomme
les *oscules* ; ils servent à la sortie de l'eau. Ces animaux sont continuellement traversés par un courant
d'eau, entrant par les pores et sortant par les oscules,
qui apporte la nourriture.

Le corps des éponges est mou, il est soutenu par
un squelette formé de petits corps nommés spicules et dont la nature est variable suivant les espèces.

II

1. — **Eponges**.

Les Eponges vivant dans la mer (fig. 114) sont les seules qui soient susceptibles d'applications.

Ce qu'on utilise dans l'Eponge, c'est le squelette débarrassé de la matière visqueuse qui le remplit et qui n'est autre que la partie vivante. Ce squelette, constitué par les *spicules*, peut être calcaire, corné, ou siliceux. De là, la division des éponges en plusieurs sortes commerciales.

Fig. 114. — Éponge.

Ces diverses variétés d'éponges qui diffèrent suivant la nature du squelette spongiaire, la forme générale, la finesse et la couleur, sont ainsi classées :

1° *L'éponge fine douce de Syrie*, en forme de coupe, de sphère ou de cône arrondi sur les bords ; de couleur pâle, d'un tissu fin et serré, douce, légère et veloutée ; c'est la plus appréciée, et une seule éponge de cette sorte peut atteindre une très grande valeur ;

2° *L'éponge fine dure ou grecque*, en forme de coupe ou d'entonnoir, de couleur fauve ; compacte, un peu rude au toucher ;

3° *L'éponge blonde de Syrie ou éponge de Venise*, de forme ronde et régulière de couleur jaune, de tissu serré, léger et solide ; ces trois variétés et une autre sorte d'éponge de Venise appelée *éponge blonde* de *l'Archipel*, sont employées pour la toilette ;

4° *L'éponge de Salonique*, de forme plate, fine, à petits trous ; on l'emploie en chirurgie ;

5° *L'éponge de Barbarie* ou *éponge de Marseille*, de forme ronde, affectant de grandes dimensions. Les unes sont blondes, les autres brunes, elles peuvent être légères ou lourdes. On les emploie soit comme éponges communes de toilette, soit comme éponges de ménage pour les usages domestiques. Ce sont les éponges les plus communes ;

6° *L'éponge américaine.* Il en existe diverses sortes, les unes assez fines, les autres sans aucune solidité.

Pêche. — Dans la Méditerranée la pêche des éponges est faite, soit par des plongeurs nus ou

Fig. 115. — Pêche des éponges à l'aide du harpon.

revêtus de scaphandres, soit au moyen de harpons ou encore de dragues ou de chaluts.

Les éponges sont fixées par leur base comme par une sorte de pied, aux rochers ; c'est à 3 ou 12 mètres de profondeur environ qu'on les pêche. Le plongeur descend au fond de l'eau comme pour la pêche des huîtres perlières et détache une certaine quantité d'éponges qu'il entasse dans un filet. Le scaphandrier peut plonger à des profondeurs plus grandes, mais les scaphandres sont encore assez rarement employés pour ce genre de pêche, à cause du prix énorme de l'appareil, et des difficultés de la descente et de la remonte qui nécessitent plusieurs hommes et une embarcation.

La pêche au harpon se fait avec des sortes de fourches à longues dents, ou foènes ; c'est avec ces instruments qu'on détache les éponges qui ne se trouvent pas à de grandes profondeurs ; mais les dents de ces harpons déchirent les éponges et leur ôtent ainsi beaucoup de leur valeur. Les éponges dites *plongées* sont toujours préférées à celles dites *harponnées.*

Enfin on pêche également les éponges à l'aide des chaluts ou dragues à éponges appelés *gangava ;* ils offrent le désavantage d'arracher toutes les éponges qu'ils rencontrent, grandes ou petites, et de dégarnir complètement les rochers.

Les éponges, une fois retirées de l'eau, sont immédiatement débarrassées de la matière vivante gélatineuse qui les corromprait à l'air ; pour cela, on les lave et on les bat sous l'eau, puis on les soumet encore à des lavages successifs à l'eau tiède, puis à l'eau additionnée d'acide, et de nouveau à l'eau ordinaire. Les pêcheurs font souvent passer dans les éponges une eau sablée qui les pénètre et en augmente le poids.

Usages. — Les éponges sont employées en entier ou en morceaux pour la toilette, pour le ménage ; on s'en sert en chirurgie à cause de leur pouvoir de dilatation qui les rend précieuses dans certains cas ; elles sont alors préparées aseptiquement.

Les éponges dites *préparées* pour les usages chirurgicaux ont été divisées en lanières, puis comprimés avec de la ficelle, et stérilisées.

On a remarqué que les éponges qu'on détache pour les replacer en un lieu différent de leur lieu d'origine, peuvent se fixer sur ce nouveau support, et recommencer à s'accroître ; de plus, des éponges qui, aussi après avoir été détachées du rocher sur lequel elles vivaient ont été divisées en morceaux puis replacées dans des conditions convenables peuvent continuer leur vie et leur croissance. On a donc plus d'une fois songé à cultiver industriellement les éponges, mais les premiers essais ont été contrariés par l'hostilité des pêcheurs d'éponges, et malgré le succès de certaines cultures, la *spongiculture* n'est pas encore en voie d'organisation établie.

TABLE ALPHABÉTIQUE

U

V

W

Y

Z

TABLE MÉTHODIQUE DES MATIÈRES

ÉVREUX, IMPRIMERIE CH. HÉRISSEY

Histoire Naturelle de la France

Cette collection comprendra trente-deux volumes in-8° qui formeront une Histoire naturelle complète de la France. Nous donnons ci-après la nomenclature des diverses parties de l'ouvrage.

Les 24 volumes parus sont indiqués en caractères gras :

1° Partie. **Généralités, l'Enchaînement des Organismes.** Introduction à l'Histoire naturelle, par Gaston Bonnier, avec 576 figures dans le texte. Broché, 8 fr. ; franco, 9 fr.

2° — **Mammifères,** par le Dʳ Trouessart. 360 pages et 143 figures dans le texte. Broché, 7 fr. ; franco, 8 fr.

3° — **Oiseaux,** par Émile Deyrolle, 304 p., 35 pl., dont 27 en coul. et 144 figures dans le texte. Broché, 12 fr. ; franco, 13 fr. 25.

4° — **Reptiles et Batraciens,** par A. Granger. 186 pages, 55 fig. dans le texte. Broché, 4 fr. ; franco, 4 fr. 85.

5° — Poissons.

6° — **Mollusques.** *Céphalopodes, Gastéropodes,* par A. Granger. 272 p., 24 fig. dans le texte, 19 pl. Broché, 8 fr. ; f°, 9 fr.

7° — **Mollusques.** *Bivalves.* Tuniciers, Bryozoaires, par A. Granger. 256 p., 15 fig. dans le texte, 18 pl. Broché, 8 fr. ; f°, 9 fr.

8° — **Coléoptères,** par L. Fairmaire et Planet. 496 pages, 271 fig. dans le texte, 27 pl. en couleurs. Broché, 14 fr. ; franco, 15 fr. 50.

9° — Orthoptères.

9° *bis* — Névroptères.

10° — Hyménoptères.

11° — **Hémiptères,** par L. Fairmaire. 236 pages et 9 planches. Broché, 6 fr. ; franco, 6 fr. 85.

12° — **Lépidoptères,** par Berce. 206 pages, 27 planches en couleurs. Broché, 15 fr., franco, 16 fr. 25.

13° — Diptères, Aptères.

14° — **Araignées,** par L. Planet. 330 pages, 18 planches, 233 figures dans le texte. Broché, 10 fr. ; franco, 11 fr. 15.

15° — **Acariens, Crustacés, Myriapodes,** par Paul Groult. 248 pages, 18 planches. Broché, 7 fr. ; franco, 7 fr. 85.

16° — **Vers,** par Remy Saint-Loup. 248 pages, avec 203 figures dans le texte. Broché, 7 fr. ; franco, 7 fr. 85.

17° — **Cœlentérés, Echinodermes, Protozoaires,** etc., par A. Granger. 390 pages, avec 187 figures dans le texte. Broché, 7 fr. ; franco, 8 fr.

18° — **Plantes vasculaires** (Nouvelle flore de MM. Gaston Bonnier et de Layens). 2.145 figures. Broché, 12 fr. 60; f°, 13 fr. 45.

18° *bis* — **Album de la Nouvelle Flore,** par Gaston Bonnier. 2.028 photographies directes de toutes les plantes. Broché, 14 fr. ; franco, 14 fr. 85.

19° — **Mousses et Hépatiques** (Nouvelle flore des Muscinées, par M. Douin). 1.288 figures. Broché, 14 fr. ; franco, 14 fr. 70.

20° — **Champignons** (Nouvelle flore de MM. Costantin et Dufour). 4.265 figures. Broché, 18 fr. 20; franco, 19 fr. 40.

21° — **Lichens** (Nouvelle flore des Lichens, de M. Boistel). 1.178 figures. Broché, 15 fr. 40; franco, 16 fr. 20.

22° — Algues.

23° — **Géologie,** par Fritel. 390 p., 250 fig., 29 pl. Carte géologique de la France en couleurs. Broché, 12 fr. ; franco, 13 fr. 15.

24° — **Paléontologie** (Animaux fossiles), par Fritel. 379 pages, 27 planches et 600 figures. Broché, 12 fr., franco, 13 fr. 30.

24° *bis* — **Paléobotanique** (Plantes fossiles), par Fritel. 325 pages, 36 pl. et 412 fig. dans le texte. Broché, 12 fr. ; franco, 13 fr. 30.

25° — **Minéralogie,** par Gaubert. 260 pages, avec 18 planches en couleurs. Broché, 10 fr. ; franco, 11 fr.

25° *bis* — **Guide géologique et paléontologique de la région parisienne,** par Fritel. 356 pages, 162 fig., 25 cartes. Broché, 12 fr. ; franco, 13 fr. 15.

26° — **Technologie, Zoologie appliquée,** par Gaston Bonnier, avec 115 figures dans le texte. Broché, 6 fr. ; franco, 6 fr. 85.

27° — Technologie, Botanique.

28° — Technologie, Minéralogie, Géologie.

ÉVREUX, IMPRIMERIE CH. HÉRISSEY